Contents
目 录

Lovely Knit

凸显成熟、可爱的编织

选取色彩柔和、充满韵味的混纺毛线来
开始夏日编织。
披肩式马甲、连袖披肩、马甲、连衣裙等
成熟又可爱的款式，让您穿出与以往不
同的可爱、时尚感。

1

这件套头衫的图案看起来像可爱
的花圃，小小的花片与原色的底
色搭配得恰到好处，十分美丽。

使用线 / COTTON KONA FINE
编织方法 / 50 页

2

这件等针直编披肩式马甲，使用
了由渐变段染线与闪耀的金银丝
线组合而成的漂亮的花式毛线。
前襟不同的系法让搭配有了更多
种可能。

使用线 / KLEBER、ILIOS
编织方法 / 56 页

3

这是一件使用了多种颜色、深浅混合
的渐变线钩编而成的雅致的松叶针花
样马甲。
单颗的纽扣和稍短的衣身穿起来显得
更加年轻。

使用线 / KLEBER
编织方法 / 58 页

4

前身片中央的花片是这件套
头衫的亮点。
U 形线条的育克和下摆的花
朵图案组合尤为好看。

使用线 /SAINT-GILLES
编织方法 /60 页

5

这件连袖披肩使用了柔和的混合色，通过镂
空花样展现出优雅的感觉。
从袖口开始横编的等针直编，仅使用简单的
技巧就可以轻松完成。

使用线 / KLEBER
编织方法 / 53 页

6

由原色的花片连接而成的围巾，使用由初纺丝和亚麻捻合而成的花式线营造出细腻、高雅的感觉。
由于尺寸较大，故可当作装饰性外搭穿着。

使用线 / SENAPE
编织方法 / 64 页

7

这件连衣裙采用了彩色段染的初纺丝和亚麻混合制成的线，其干爽的触感尤其适合夏季穿着。

使用线 / CARDELLINO
编织方法 / 65 页

8

这款钩针编织的紧身吊带背心是由等
针直编的长方形连接而成的。
肩带可以根据自己的喜好调整长度，
取下后还可以当作半身裙穿着。
有两种不同的穿法。

使用线 / ANTIBES、FOCH
编织方法 / 68 页

Urban Knit
时尚的都市编织

使用了棉、亚麻等优质材料的编织物十分适合与成熟、干练风格的服装搭配。

穿着只有手编才能实现的独特编织物，来体会夏日精致编织的魅力吧。

9

柔和的颜色、可爱的开衫包扣、平翻领和口袋是衣服的亮点。

下针编织更凸显了优美的线条。

使用线 / LIN CHAINE、KLEBER
编织方法 / 67 页

10

这件套头衫在镂空的菱形花样和泡泡针中嵌入了小花图案，是使用细线精心编织而成的。

浅 V 领和短袖的设计十分符合今年的潮流。

使用线 / LUXSIC
编织方法 / 72 页

11

这是将金银丝线和亮片线并在
一起编织而成的闪亮的背心。
在夏日里这么穿也非常经典。

使用线 / ILIOS、SPANGLE COTTON
编织方法 / 76 页

12

钩针编织的开衫下摆与袖口荷叶边
状的边缘编织十分雅致。
如果搭配同款的花边领会有可爱、
温婉的感觉；若打开前面的纽扣，
则是干练的感觉，就像这样。
能够穿出不同的韵味。

使用线 / ARABIS
编织方法 / 70 页

13

这件由 3 种镂空的横条纹组成的开衫是从后身片中心开始向左右两侧进行等针直编完成的，编织方法非常简单。
深邃的紫色给人以成熟、优雅的印象。

使用线 / CARNOT
编织方法 / 74 页

14

使用带有原始感的丝质初纺丝
和高级的亚麻编织而成的短款
开衫。
边缘的狗牙针编织十分可爱，
是夏日时尚装扮的必备品。

用线 / SENAPE
编织方法 / 77 页

15

这件套头衫中央是绕线编织的褶饰，
两边是镂空花样的横条纹，细节的变
化充满了魅力。
小小的袖子和腰部周围的装饰花边
给人以既成熟又可爱的感觉。

使用线 / COTTON KONA
编织方法 / 80 页

16

这件钩针编织的收身套头衫使用了具
有光泽和弹性的清爽的线材，惹人喜
爱。
只需将等针直编的两片长方形身片连
接在一起即可，十分简单。

使用线 / FOCH
编织方法 / 82 页

Resort Knit

充满个性的休闲
编织

去海边、高原度假或休闲时，
穿着手感好又清爽的海军蓝或
原色的服装最适合了。
优雅又随意，可以有多种不
同搭配，是充满了个性、彰
显自我的设计。

17

这是一款由藏青色燕子形花片连接而
成的套头衫。
由长方形花样演变而来的不对称的设
计十分独特。

使用线 / SAINT-GILLES
编织方法 / 84 页

18

这是由镂空花样与下针组合编织而成的
多色横条纹开衫。
编织出的具有立体感的细节颇为吸引人。

使用线 / COTTON KONA
编织方法 / 86 页

19

这是一款多色线与单色线组合而成的具有魅力的花式毛线。
为了展现线材的魅力，使用平坦的下针编织完成了这件开衫。
下摆与袖口的饰边设计给人以优雅的感觉。

使用线 / ANTIBES
编织方法 / 88 页

20

将菱形花样、麻花针花样、卷针花样排列成条纹状，就成为了夏日阿兰花样开衫。
这样的设计可以让人充分地感受到竹节纱线独有的魅力。

使用线 / CARCASSONNE
编织方法 / 89 页

21

这款组合了罗纹针花样、麻花针花样和结粒小球花样的阿兰毛衣，在侧面加入了具有修身感的罗纹针的设计，前襟的开口设计更方便穿脱。

使用线 / FOCH
编织方法 / 92 页

Resort Knit

22

身片上整齐的麻花针花样和宽松
的衣袖是这件开衫的特色。
丝质初纺丝与亚麻朴素而又清爽
的线材最适合夏天这个爱出汗的
季节。

使用线 / SENAPE
编织方法 / 94 页

23

这是使用了绿色系段染的竹节纱
线钩编而成的女式修身长款吊带
背心。
精致的菠萝针花样与长针的方眼
花样在胸前交替，看起来年轻又
可爱。

使用线 / CARDELLINO、COTTON KONA
编织方法 / 34 页

23

page 33

●**材料** CARDELLINO（中粗）绿色系段染（4）310g/7团，COTTON KONA（粗）橄榄绿色（73）20g/1团
●**工具** 钩针 5/0 号
●**成品尺寸** 胸围 90cm，衣长 58.5cm
●**密度** 10cm×10cm 面积内：编织花样 A 23 针，9.5 行；编织花样 B 20 针，9 行
■**编织要点 前后身片** 锁针起针，等针直编花样 A。在编织花样 A 的第 1 行，挑取起针的锁针的半针和里山的 2 根线钩编。第 2 行的长针整段挑起前 1 行的长针钩编。在胸前花样交替的位置，钩编 1 行短针，然后钩编花样 B。袖窿参照图示减针。编织 2 片相同的织片作为前后身片。
组合 胁使用"1 针引拔针、3 针锁针"的锁针接缝。袖窿的短针与肩带的边缘编织参照图示连续钩编。

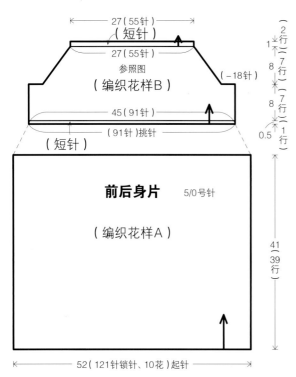

花 = 个花样 ▨ = 橄榄绿色（COTTON KONA）
除指定之外均使用绿色系段染线（CARDELLINO）

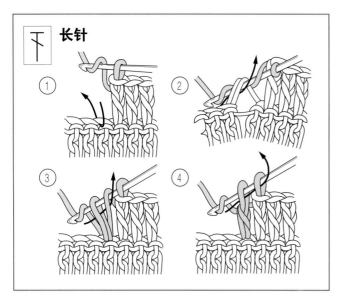

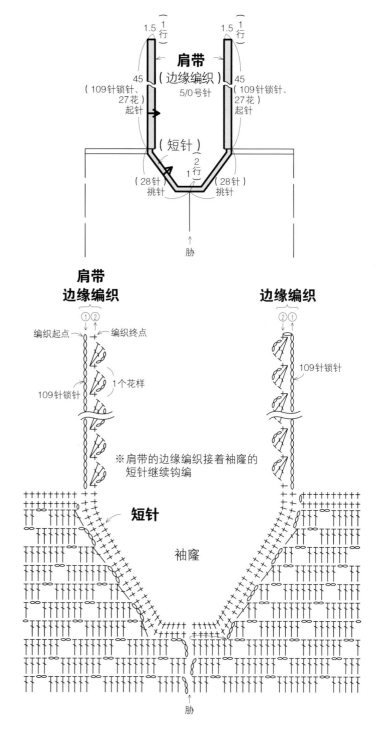

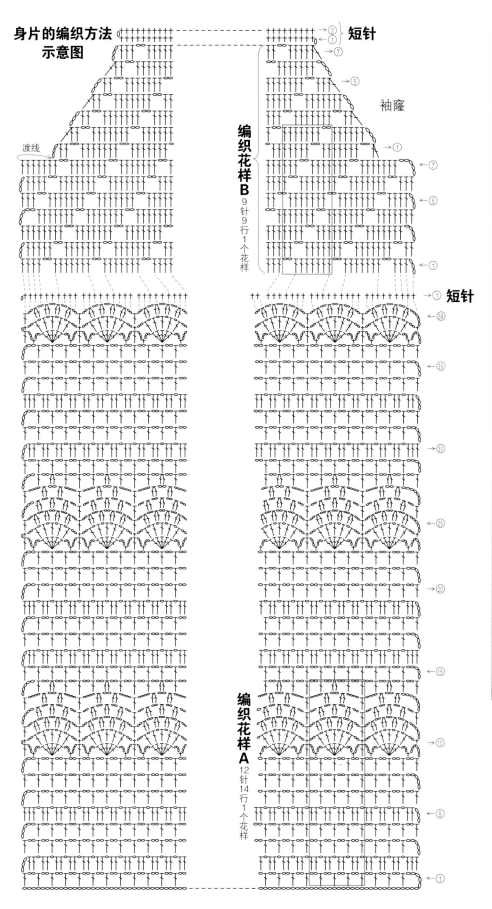

身片的编织方法
示意图

渡线

短针

袖窿

编织花样B
9针9行1个花样

短针

编织花样A
12针14行1个花样

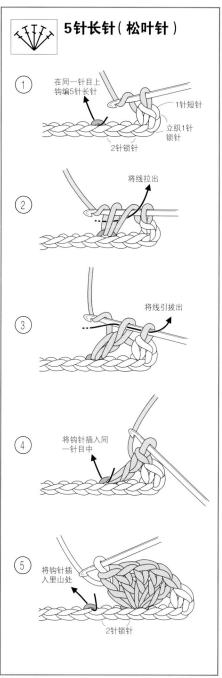

5针长针（松叶针）

① 在同一针目上
钩编5针长针
1针短针
立织1针
锁针
2针锁针

② 将线拉出

③ 将线引拔出

④ 将钩针插入同
一针目中

⑤ 将钩针插
入里山处
2针锁针

Hat · Bag&Tippet

夏日时尚配饰——帽子、手提包和装饰领

夏日出行是展示手编的帽子、手提包的最好机会。
使用原生态、纯天然的线材编织而成的可爱的小物件，
舒适地享受夏日时光吧。

24

这是使用段染与单色的两股线并
在一起钩编而成的颜色独特的帽
子。从帽顶到帽檐使用短针一圈
圈地钩编。
使用了含有100%和纸、具有超
强透气性的天然线材，戴上十分
清爽。

使用线 / LEAFY
编织方法 / 38 页

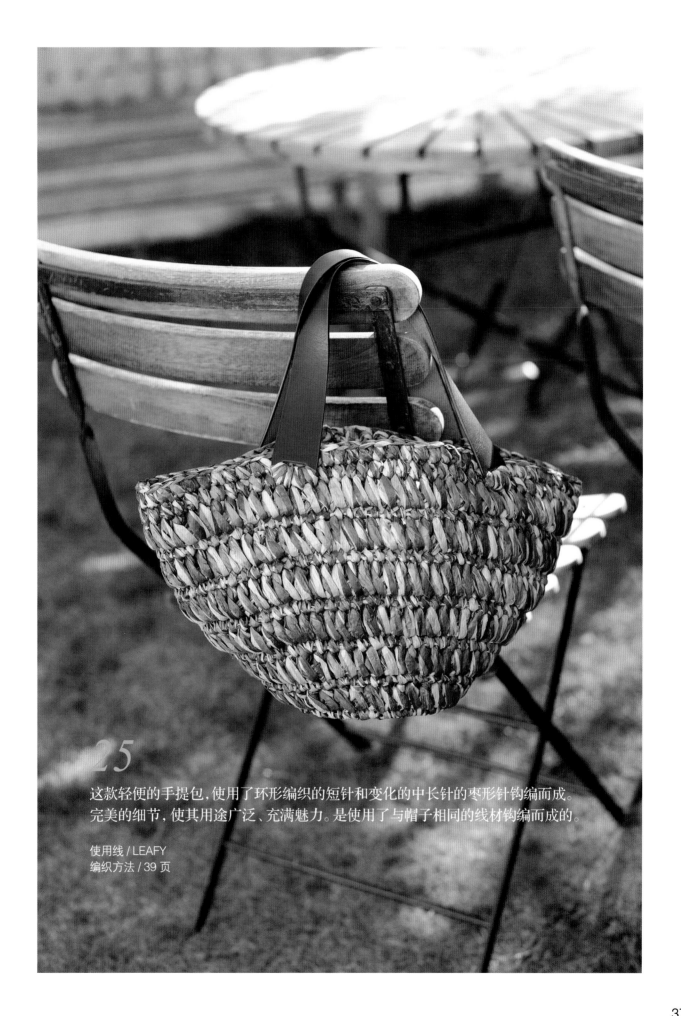

25

这款轻便的手提包，使用了环形编织的短针和变化的中长针的枣形针钩编而成。
完美的细节，使其用途广泛、充满魅力。是使用了与帽子相同的线材钩编而成的。

使用线 / LEAFY
编织方法 / 39 页

24
page 36

●**材料** LEAFY（粗）米色（752）、橄榄绿色系（726）各40g/各1团
●**工具** 钩针8/0号
●**成品尺寸** 头围60cm，帽深10.5cm
●**密度** 10cm×10cm 面积内：钩编短针11针，13行
■**编织要点 帽子** 全部使用短针钩编。从帽顶向帽檐环形钩编。

环形起针，第1行立织1针锁针，之后加入6针短针。挑取起针一侧的线头，钩成环形。帽顶的第2行到第11行，参照图示每行加6针。帽身的第1行到第13行均不加减针。在帽檐的第1行加12针。第2行到第6行，参照图示每行加6针。第7行不加减针，钩编短针的条纹针。

短针的条纹针

帽子（短针） 8/0号针

帽顶

8.5（11行）

帽身

10.5（13行）

60（66针）

帽檐

6（7行）

※取米色线与橄榄绿色系线各1股，2股并在一起

加针

	行	针数	
帽檐	7行	108针	无加减针
	6行	108针	每行加6针
	5行	102针	
	4行	96针	
	3行	90针	
	2行	84针	
	1行	78针	+12针
帽身	13行～1行	66针	无加减针
帽顶	11行	66针	每行加6针
	10行	60针	
	9行	54针	
	8行	48针	
	7行	42针	
	6行	36针	
	5行	30针	
	4行	24针	
	3行	18针	
	2行	12针	
	1行	6针	

帽子的编织方法示意图

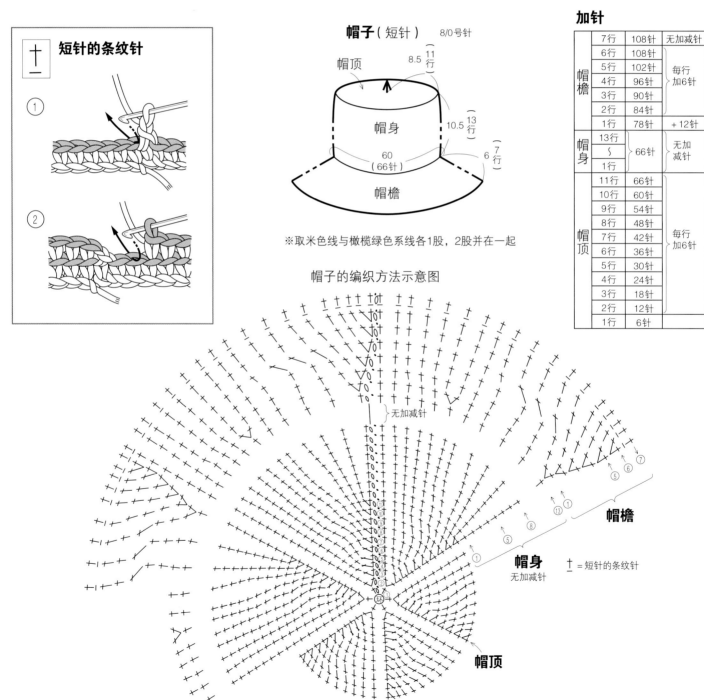

无加减针

帽檐

帽身
无加减针

帽顶

† = 短针的条纹针

25

page 37

●材料 LEAFY（粗）米色（752）、橄榄绿色系（726）、红蓝色系（727）各80g/各2团；提手1组
●工具 钩针10/0号
●成品尺寸 宽45cm，深30cm
●密度 参照图示
■编织要点 手提包 全部钩编同一编织花样。从包底向包口环形钩编。环形起针，第1行立织1针锁针，之后加入8针短针。挑取起针一侧的线头，钩成环形。第2、3行，参照图示每行加8针。第6、9、12、15、18行，参照图示每行加12针。第19行到第28行不加减针。组合 参照图示，使用卷针缝将提手缝合至主体的外侧。

手提包

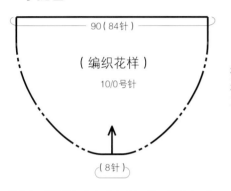

取米色、橄榄绿色系、红蓝色系各1股，3股并在一起

提手的连接方法

手提包的编织方法示意图

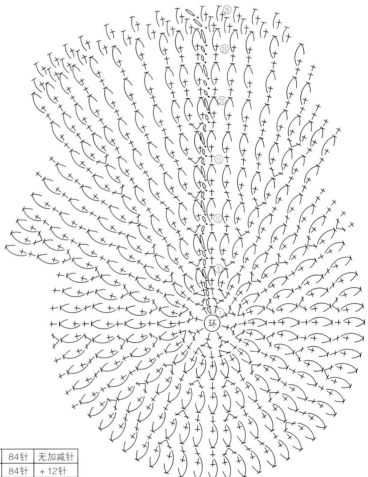

加针

19~28行	84针	无加减针
18行	84针	+ 12针
16、17行	72针	无加减针
15行	72针	+ 12针
13、14行	60针	无加减针
12行	60针	+ 12针
10、11行	48针	无加减针
9行	48针	+ 12针
7、8行	36针	无加减针
6行	36针	+ 12针
4、5行	24针	无加减针
3行	24针	+ 8针
2行	16针	+ 8针
1行	8针	

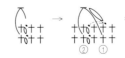

=在前两行的短针针目上，按照①、②的顺序，钩编中长针2针并1针的枣形针（前1行的针目在钩编时被包裹住了）

=在针目之间钩编1针短针和1针中长针的枣形针

26

这一款时尚的手提包使用含有金银丝线的人造丝线钩编而成。

设计中使用了像圆圆的糖果一样可爱的枣形针。

无论是约会还是休闲，都适合带这种小尺寸的包包。

使用线 / ETRETAT
编织方法 / 42 页

27

这是使用了与手提包相同素材编织而成的中性风的
礼帽。
是一款很舒适的帽子，可以穿戴出自己的时尚风格。

使用线 / ETRETAT
编织方法 / 43 页

26
page 40

●**材料** ETRETAT（中粗）茶色、黑色、金色的多股线（603），黑色、灰色、金色的多股线（606）各100g/ 各3团
●**工具** 钩针10/0 号
●**成品尺寸** 宽30cm，深22cm
●**密度** 10cm×10cm 面积内：编织花样8针，4行
■**编织要点 底部** 锁针起针，钩编短针。侧边参照图示，在第2、4行加针。**包身** 钩编2针长针的枣形针花样。接着底部环形钩编花样，其中在第2行加8针。
提手 从包口的4个地方开始，钩编短针。用卷针缝将左右片钉缝在一起。最后将行与行之间钉缝在一起，使其成为双层。

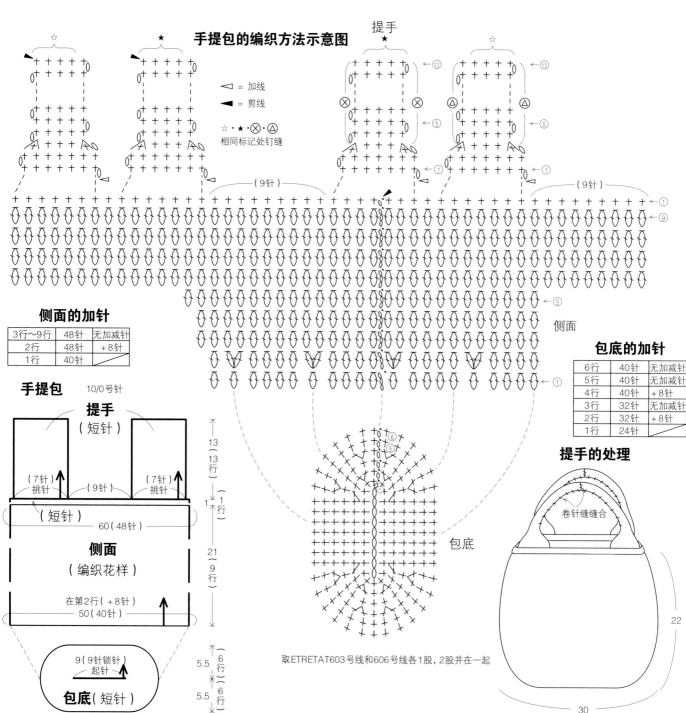

手提包的编织方法示意图

提手

◁ = 加线
◀ = 剪线

☆・★・⊗・△
相同标记处钉缝

（9针）

侧面

侧面的加针

3行～9行	48针	无加减针
2行	48针	+8针
1行	40针	

包底的加针

6行	40针	无加减针
5行	40针	无加减针
4行	40针	+8针
3行	32针	无加减针
2行	32针	+8针
1行	24针	

手提包 10/0号针

提手（短针）

（7针）挑针　（9针）　（7针）挑针

（短针）

60（48针）

侧面（编织花样）

在第2行（+8针）

50（40针）

9（9针锁针）起针

包底（短针）

13（13行）

1（1行）

21（9行）

5.5（6行）

5.5（6行）

包底

提手的处理

卷针缝缝合

22

30

取ETRETAT603号线和606号线各1股，2股并在一起

42

27

page 41

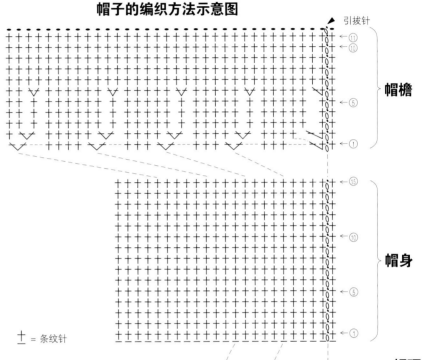

顶部示意图标注：
帽顶
帽子（短针） 8/0号针
帽身
10（13针锁针）起针
52（68针）
帽檐
（116针）
7.5 12行
9.5 15行（11行7）

帽子的编织方法示意图

引拔针

帽檐

帽身

十 = 条纹针

帽顶

● **材料** ETRETAT（中粗）茶色、黑色、金色的多股线（603）110g/3 团

● **工具** 钩针 8/0 号

● **成品尺寸** 头围 52cm，帽深 9.5cm

● **密度** 10cm×10cm 面积内：钩编短针 13 针，16 行

■ **编织要点** **帽子** 锁针起针，全部钩编短针。从帽顶开始向帽檐环形钩编。**帽顶** 参照图示，在帽顶处第 2、4、7、9 行，每行加 8 针，在第 12 行加 4 针。第 3、5、6、8、10、11 行不加减针。**帽身** 第 1 行到第 15 行均不加减针。**帽檐** 参照图示，在第 1、2、6 行，每行加 16 针。在第 3 到 5 行和第 7 到 11 行，均不加减针，最后钩编引拔针。

加针

帽檐	11行	116针	无加减针
	∫		
	7行	116针	
	6行	116针	+16针
	3~5行		无加减针
	2行	100针	+16针
	1行	84针	+16针
帽身	15行	68针	无加减针
	∫		
	1行	68针	
帽顶	12行	68针	+4针
	10、11行	64针	无加减针
	9行	64针	+8针
	8行	56针	无加减针
	7行	56针	+8针
	5、6行	48针	无加减针
	4行	48针	+8针
	3行	40针	无加减针
	2行	40针	+8针
	1行	32针	

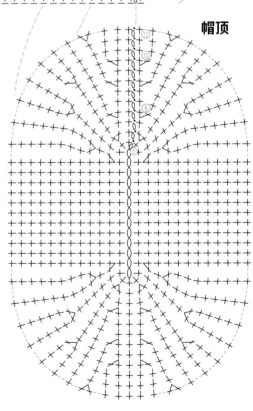

28

这款网格手提包，选用了具有光泽的超粗的人造丝线，使用棒针编织而成。
只需使用等针直编这样简单的技巧，再包裹上提手即可。最棒的一点是可以很快完成！

使用线 / ARTOIS
编织方法 / 46 页

29

横编起伏针的镂空装饰领是其迷人之处。
有多种颜色变化，还能够佩戴出项链的感觉。

使用线 / COTTON KONA
编织方法 / 47 页

28

page 44

● **材料** ARTOIS（超粗）金黄色（3）300g/3团；提手1组
● **工具** 棒针15毫米
● **成品尺寸** 宽36cm，深30cm
● **密度** 10cm×10cm 面积内：编织花样5.5针，8行
■ **编织要点** **手提包** 在手指上挂线起针，从包裹提手的部分开始编织。起11针，编织2行下针。在编织花样的第1行，使用挂针加针至20行。等针直编48行。另一边包裹提手的部分也是使用下针编织，但要在第1行减9针。编织终点伏针收针。**组合** 侧面相同符号处挑针接缝。参照图示，包裹提手处卷针缝缝合。

提手的连接方法

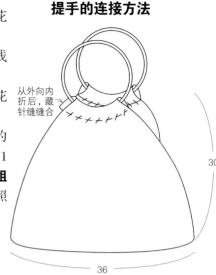

从外向内折后，藏针缝缝合

30

36

编织花样

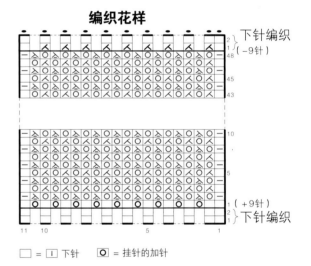

□ = [|] 下针   [O] = 挂针的加针

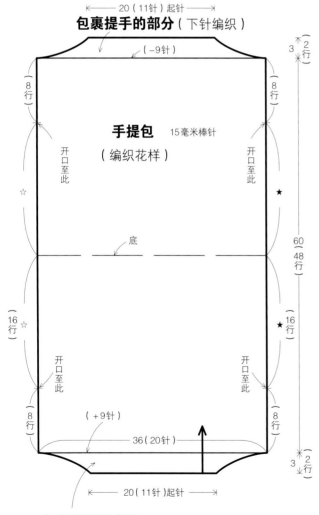

包裹提手的部分（下针编织）

20（11针）起针
（−9针）
3 {2行}

8行

手提包 15毫米棒针
（编织花样）

开口至此   开口至此
☆   ★
16行   16行

底

60（48行）

开口至此   开口至此

8行   8行
（+9针）
36（20针）
20（11针）起针

包裹提手的部分（下针编织）

3 {2行}

※将相同符号处接缝

ARTOIS线的处理方法

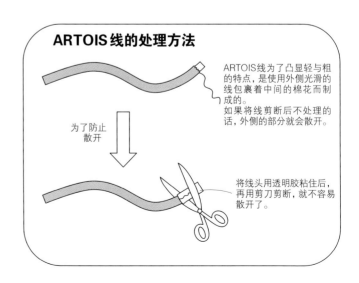

ARTOIS线为了凸显轻与粗的特点，是使用外侧光滑的线包裹着中间的棉花而制成的。
如果将线剪断后不处理的话，外侧的部分就会散开。

为了防止散开

将线头用透明胶粘住后，再用剪刀剪断，就不容易散开了。

29

page 45

● **材料** COTTON KONA（粗）
藏青色（13）、米色（64）、原色（2）各40g/各1团；直径1.5cm的纽扣1颗

● **工具** 棒针5号，钩针4/0号

● **成品尺寸** 衣领宽10cm，长56cm

● **密度** 10cm×10cm 面积内：

编织花样23针，43行

■ **编织要点 装饰领** 另线锁针起针，从后面的中心向左右横向编织。从左侧开始编织120行编织花样，编织终点伏针收针。右侧拆开起针的锁针，与左侧对称编织。**组合** 在右领端钩编5针锁针的扣襻。

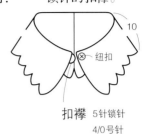

扣襻 5针锁针
4/0号针

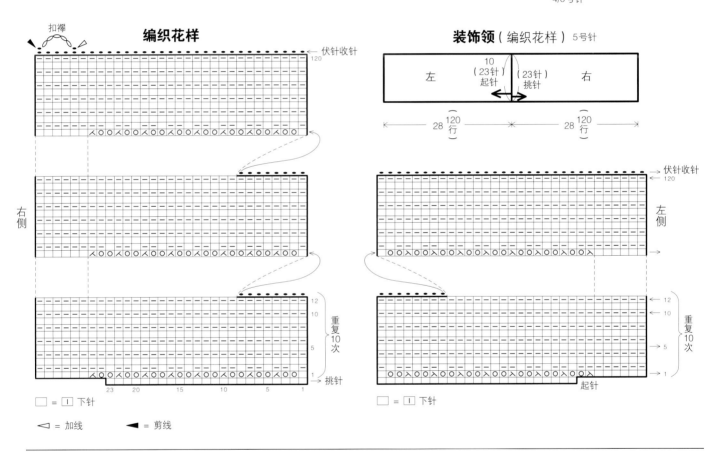

编织花样

装饰领（编织花样）5号针

□ = ⊥ 下针

◁ = 加线　　◀ = 剪线

★作品1，接50页

网眼编织

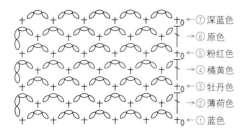

⑦深蓝色
⑥原色
⑤粉红色
④橘黄色
③牡丹色
②薄荷色
①蓝色

前襟开口、衣领（网眼编织）

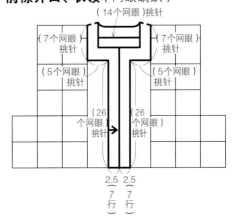

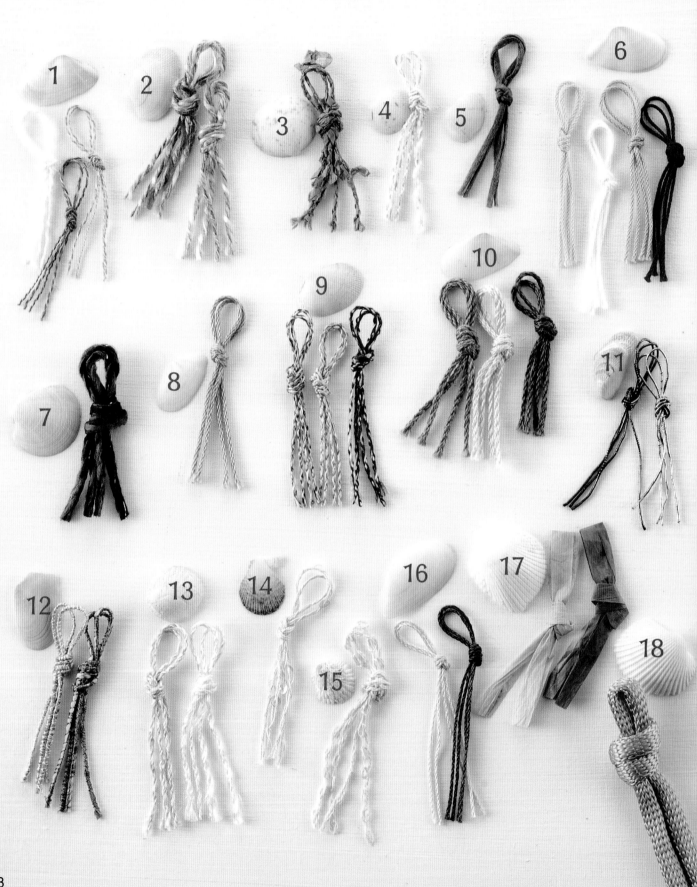

作品编织方法

第 48 页线材实物图片与所编织作品对照表

线材编号	作品编号
1	6、14、22
2	7、23
3	13
4	20
5	12
6	1
7	26、27
8	10
9	2、3、5、9
10	15、18、23、29
11	2、11
12	8、19
13	8、16、21
14	11
15	9
16	4、17
17	24、25
18	28

※ 全书编织图中未注明单位的均以厘米（cm）为单位

1

page 2

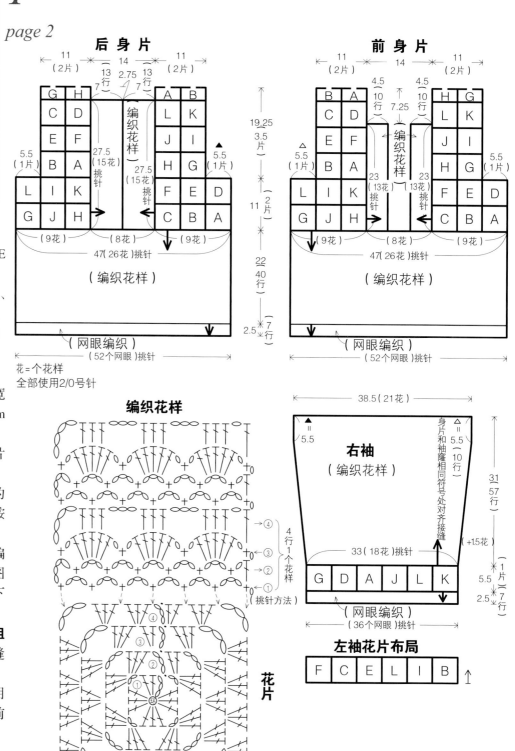

● **材料** COTTON KONA FINE
（细）原色（302）325g/13 团，
橘黄色（328）、薄荷色（349）、
粉红色（344）、蓝色（343）、
牡丹色（329）、深蓝色（346）
各20g/ 各1团
● **工具** 钩针 2/0 号
● **成品尺寸** 胸围 94cm，肩宽
36cm，衣长 54.75cm，袖长 39cm
● **密度** 10cm×10cm 面积内：
编织 5.5 个花样，18.5 行；花片
5.5cm×5.5cm

■ **编织要点 花片** 按照A～L 的
配色钩编。前后身片、衣袖，按
照图示布局，使用卷针缝连接。
前后身片 从花片上挑针，钩编
花样，从后身片中心开始参照图
示一边钩编一边连接在一起。下
摆一侧连续钩编花样和网眼。
衣袖 参照图示在袖下加针。**组
合** 胁、袖下使用卷针缝的接缝
和钉缝连接在一起。前襟开口、
衣领处连续钩编网眼花样。使用
锁针钩编细绳，参照图示穿在前
襟开口指定位置。

花片的配色
A～L ＝第4行均为原色

	A 6片	B 6片	C 5片	D 5片	E 5片	F 5片	G 6片	H 5片	I 5片	J 5片	K 5片	L 6片
1行	蓝色	橘黄色	粉红色	原色	薄荷色	原色	蓝色	牡丹色	原色	原色	原色	深蓝色
2行	牡丹色	原色	原色	薄荷色	原色	粉红色	原色	原色	深蓝色	薄荷色	粉红色	橘黄色
3行	原色	薄荷色	蓝色	深蓝色	牡丹色	橘黄色	橘黄色	深蓝色	粉红色	蓝色	牡丹色	原色

★ 网眼花样、前襟开口、衣领的编织方法参见47页

50

网眼编织

后身片的编织方法示意图

衣袖的编织方法示意图

领窝

中心

袖下

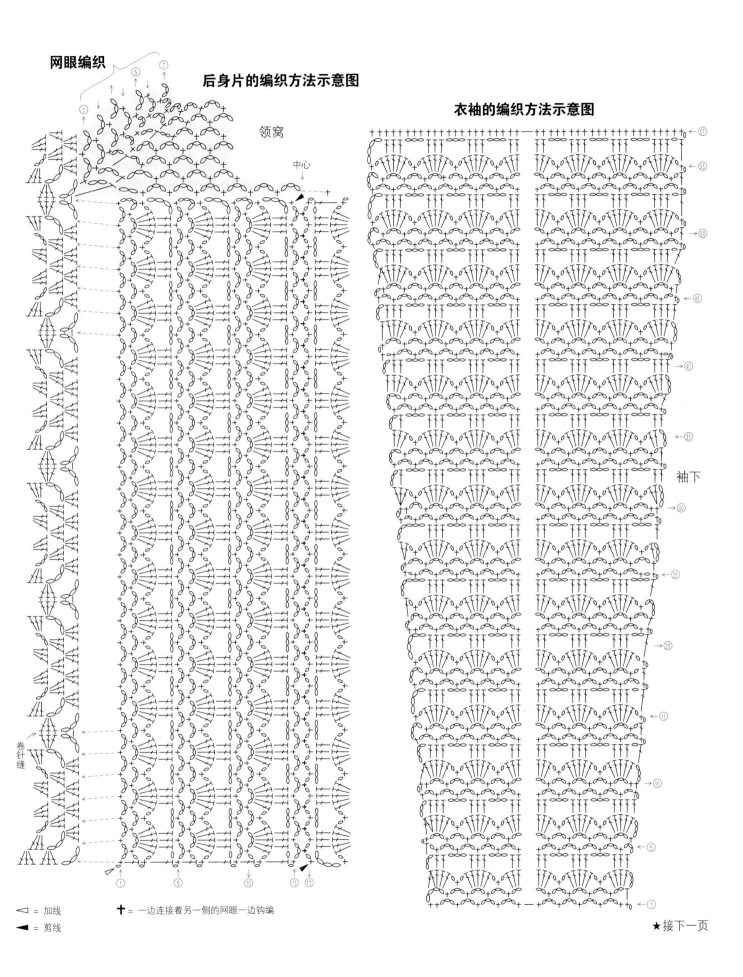

卷针缝

◁ = 加线

◀ = 剪线

✛ = 一边连接着另一侧的网眼一边钩编

★接下一页

51

前襟开口、衣领的编织方法示意图

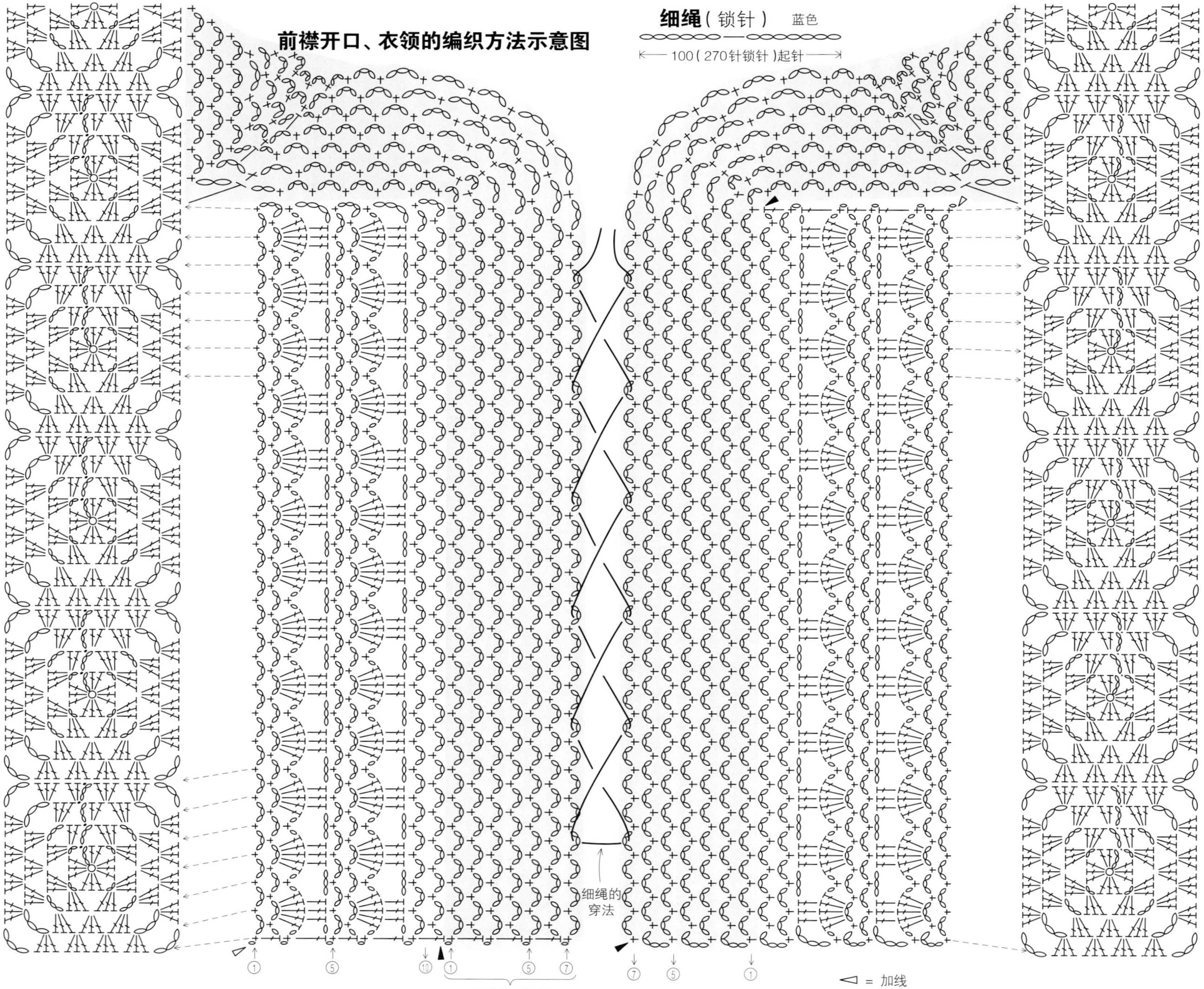

细绳（锁针） 蓝色
100（270针锁针）起针
细绳的穿法
网眼编织
① ⑤ ⑩ ① ⑤ ⑦
⑦ ⑤ ①
◁ = 加线
◀ = 剪线

※此处省略了使用卷针缝连接花片的图示

5

page 8

●**材料** KLEBER（中细）黄色系、橘黄色系、蓝色系多色混合（909）210g/9 团

●**工具** 棒针 5 号，钩针 4/0 号

●**成品尺寸** 胸围均码，衣长 60cm，连肩袖长 62.5cm

●**密度** 10cm×10cm 面积内：编织花样 20.5 针，34 行

■**编织要点 前后身片、衣袖** 另线锁针起针，从右袖口开始向身

片、左袖横向编织。在右袖下加针，在左袖下减针。接着编织左袖口的双罗纹针，在第 1 行编织 2 针并 1 针，均匀地减 15 针。编织终点的针目使用钩针钩编引拔针和 1 针锁针。拆开右袖口起针的锁针，编织双罗纹针。**组合** 袖下挑针接缝。衣领、下摆连续地挑取针目，环形编织双罗纹针，参照图示收针。

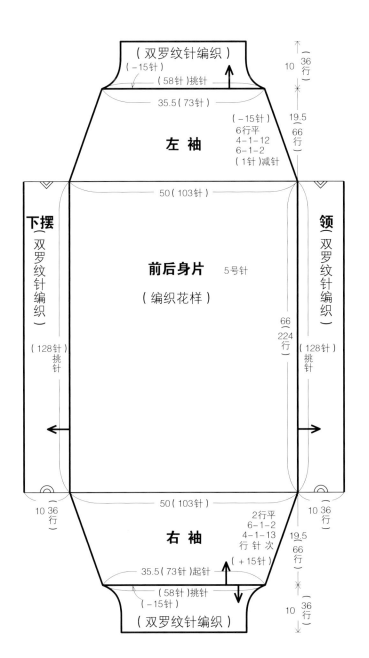

（双罗纹针编织）
（-15针）
（58针）挑针
35.5（73针）
10 36行

左 袖
（-15针）
6行平
4-1-12
6-1-2
（1针）减针
19.5（66行）

50（103针）

下摆（双罗纹针编织）
前后身片 5号针
（编织花样）
领（双罗纹针编织）

（128针）挑针
66（224行）
（128针）挑针

50（103针）

10 36行
右 袖
2行平
6-1-2
4-1-13
行 针 次
（+15针）
10 36行
19.5（66行）

35.5（73针）起针
（58针）挑针
（-15针）
（双罗纹针编织）
10 36行

※相同的符号处连续编织

双罗纹针编织

收针方法　4/0·号针

挑针

4 3 2 1

□ = ① 下针

锁针起针

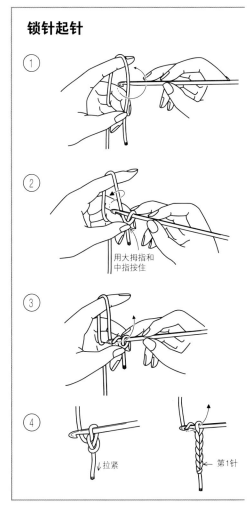

①
② 用大拇指和中指按住
③
④ 拉紧　第1针

★接下一页

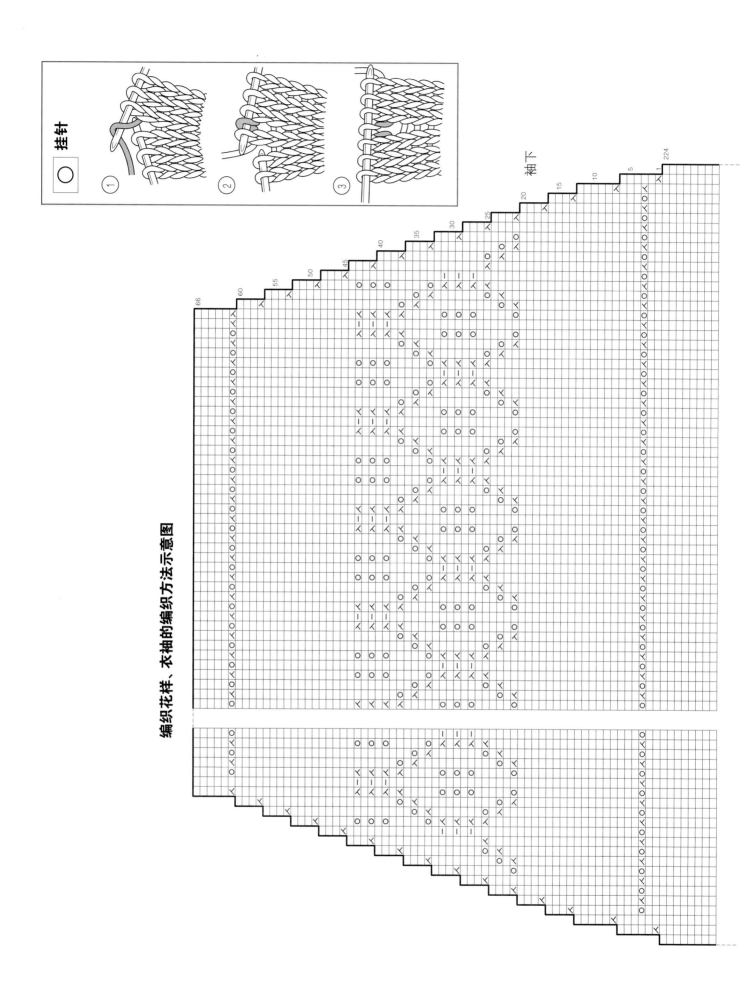

挂针

编织花样、衣袖的编织方法示意图

袖下

54

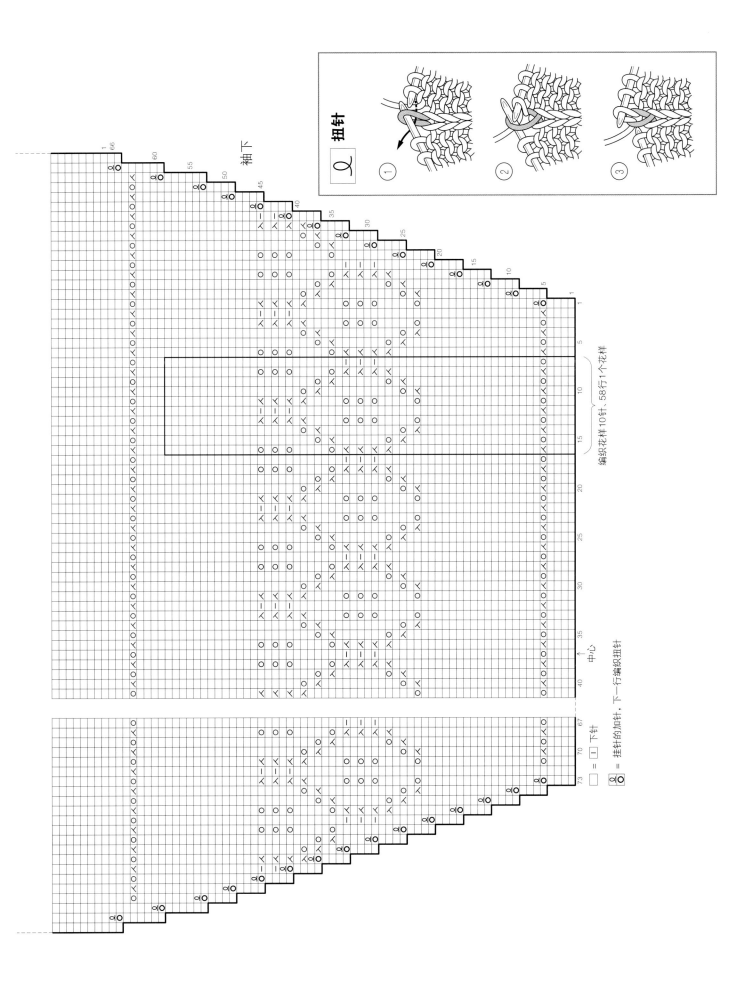

扭针

袖下

编织花样10针、58行1个花样

中心

挂针的加针、下一行编织扭针

= 下针

= 挂针的加针

2
page 4

●材料 KLEBER（中细）橘黄色系（904）110g/5团，粉色系（903）45g/2团，蓝色系（908）35g/2团；ILIOS（粗）茶色系（905）60g/3团；7cm的别针1个

●工具 钩针4/0号
●成品尺寸 宽94cm，长47cm
●密度 花片直径为6cm

■编织要点 花片 锁针环形起针，第1行钩入16针短针。第2行钩编长长针和3针长针的枣形针。披肩式马甲 按照①～⑦的顺序钩编。第1行，挑取起针的锁针的半针和里山2根线，分别钩编①、②、③。将①最后一行的针目与②的起针的锁针使用卷针缝连接在一起，使用同样的方法将③也连接在一起。将④、⑤的花片分别与①、③连接在一起。⑥、⑦使用锁针起针，在最后一行留出袖口开口的位置，与①～⑤连接在一起。钩编⑥、⑦两端的短针。

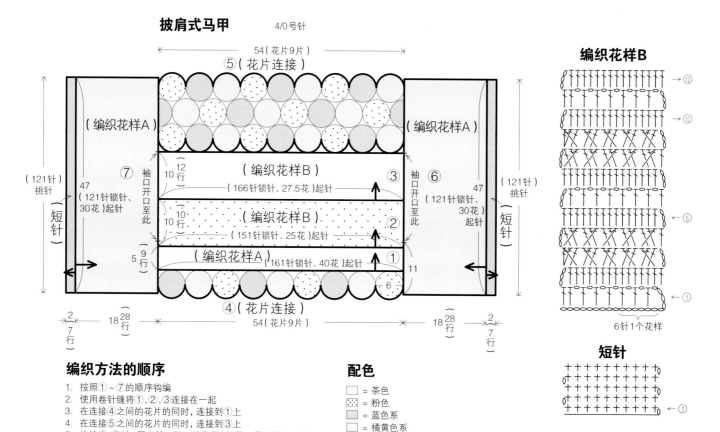

披肩式马甲　　4/0号针

编织花样B

6针1个花样

短针

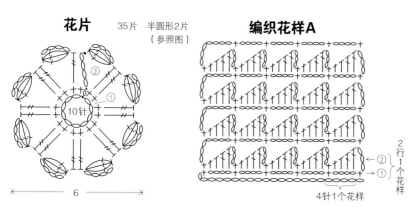

编织方法的顺序
1. 按照①～⑦的顺序钩编
2. 使用卷针缝将①、②、③连接在一起
3. 在连接④之间的花片的同时，连接到①上
4. 在连接⑤之间的花片的同时，连接到③上
5. 钩编⑥、⑦时，留出袖口开口的位置，与①～⑤连接在一起

配色
□ = 茶色
⦂ = 粉色
▨ = 蓝色系
□ = 橘黄色系

花片　　35片　半圆形2片（参照图）

编织花样A

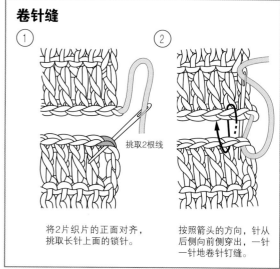

卷针缝
① 将2片织片的正面对齐，挑取长针上面的锁针。
② 按照箭头的方向，针从后侧向前侧穿出，一针一针地卷针钉缝。

挑取2根线

花片的连接方法、披肩式马甲的编织方法示意图

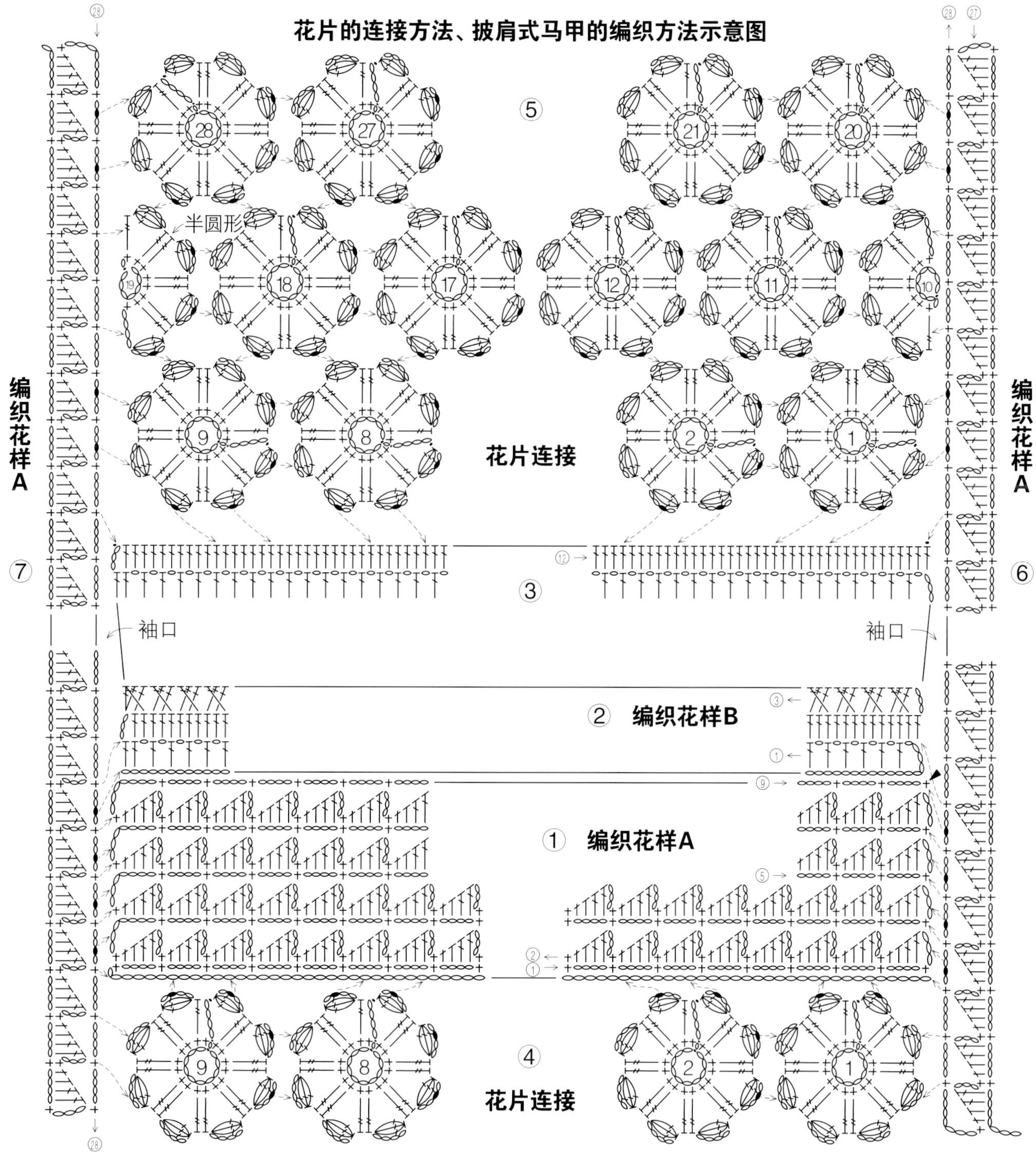

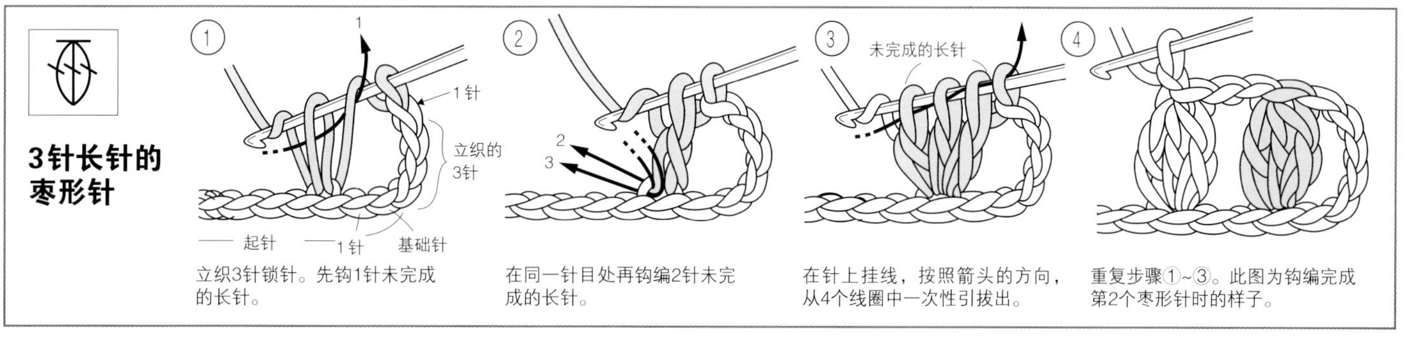

⑤

㉘ ㉗ ㉑ ⑳

半圆形

⑲ ⑱ ⑰ ⑫ ⑪ ⑩

编织花样A （左） 编织花样A （右）

⑦ ⑥

⑨ ⑧ **花片连接** ② ①

③ ⑫→

袖口 袖口

② **编织花样B** ③← ①←

⑨→

① **编织花样A** ⑤→

②← ①→

⑨ ⑧ **花片连接** ② ①

④

㉘

3针长针的枣形针

① 立织3针锁针。先钩1针未完成的长针。

② 在同一针目处再钩编2针未完成的长针。

③ 在针上挂线，按照箭头的方向，从4个线圈中一次性引拔出。

④ 重复步骤①~③。此图为钩编完成第2个枣形针时的样子。

— 起针 — 1针 基础针 立织的3针 1针 未完成的长针

3

page 6

●材料 KLEBER（中细）灰色系、绿色系、红色系多色混合（911）160g/7 团；直径 1cm 的纽扣 1 颗

●工具 钩针 3/0 号

●成品尺寸 胸围 86.5cm，衣长 45cm，连肩袖长 21cm

●密度 10cm×10cm 面积内：编织花样为 2 个花样，12 行

■编织要点 编织花样 挑取锁针的半针和里山 2 根线钩编第 1 行的短针和长针。从第 2 行开始，长针和短针均整段挑起前一行的锁针。前后身片 锁针起针，钩编花样。领窝、袖窿参照图示减针。组合 肩部使用"1 针短针、4 针锁针"的锁针钉缝。胁使用"1 针短针、2 针锁针"的锁针接缝。下摆接着前后身片钩编短针。钩编前襟、衣领时，在右前襟上钩编扣眼。环形钩编袖口的边缘编织。在左前襟缝上纽扣。

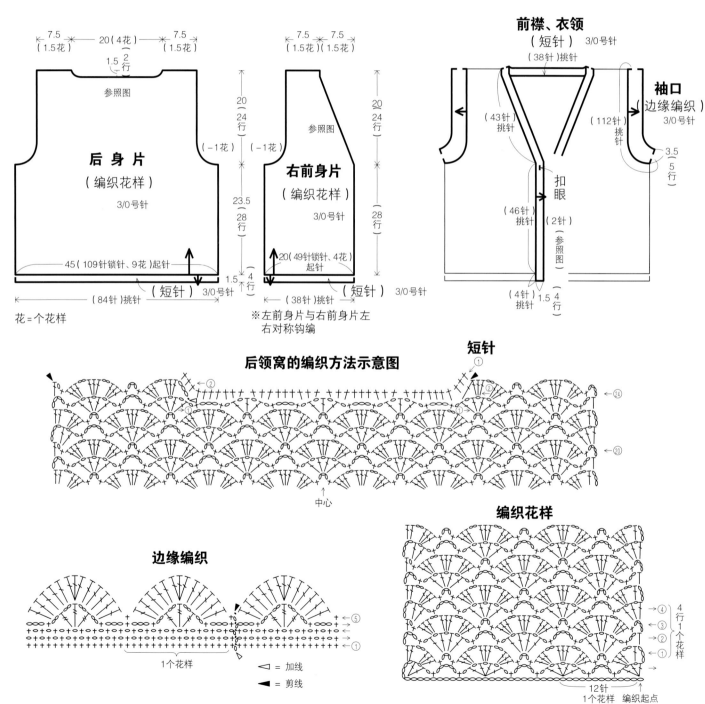

后身片（编织花样）3/0号针

右前身片（编织花样）3/0号针

※左前身片与右前身片左右对称钩编

花＝个花样

前襟、衣领（短针）3/0号针

袖口（边缘编织）3/0号针

后领窝的编织方法示意图　短针

中心

边缘编织

1个花样

▷＝加线
▶＝剪线

编织花样

12针
1个花样　编织起点

4行 1个花样

58

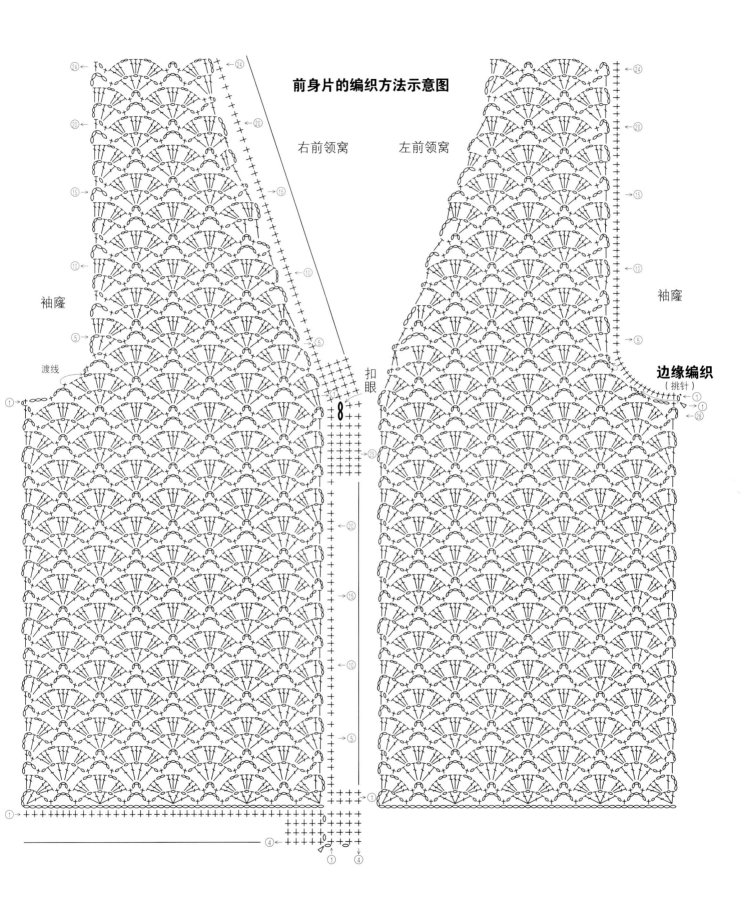

前身片的编织方法示意图

右前领窝　　左前领窝

袖窿　　　　　　　　　　　　　　　　　袖窿

渡线

边缘编织
（挑针）

扣眼

4

page 7

● 材料 SAINT-GILLES（细）
茶色（111）190g/8团
● 工具 钩针 2/0 号
● 成品尺寸 胸围88cm，肩宽
34cm，衣长55cm，袖长11cm
● 密度 编织花样 A　1个花样
约为1.5cm，10cm 为14行
■ 编织要点　前后身片 锁针起
针，钩编花样 A。花样 B 参照
图示进行挑针。衣袖 参照图示
钩编花样 A，袖口的边缘钩编2
行花样 B。育克 按照从①到⑤

的顺序钩编。①参照图示挑针，
钩编短针。②的花片使用锁针环
形起针，在第6行与育克钩编在
一起。⑤的短针，左右分别接着
网眼花样钩编。组合 肩部使用
"1针短针、2针锁针"的锁针
钉缝。胁使用"1针短针、2针
锁针"的锁针接缝。衣领钩编短
针，其中第3行与细绳的短针一
起钩编。衣袖使用"1针短针、
2针锁针"的锁针接缝到身片上。

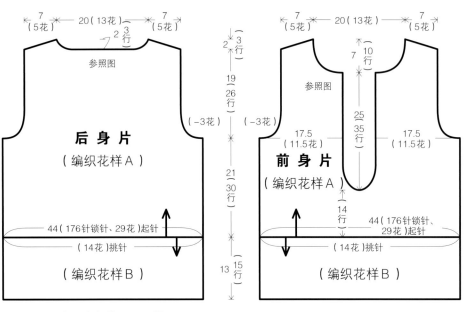

※花=个花样　※全部使用2/0号针

育克、花片、衣领

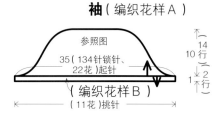

编织花样A

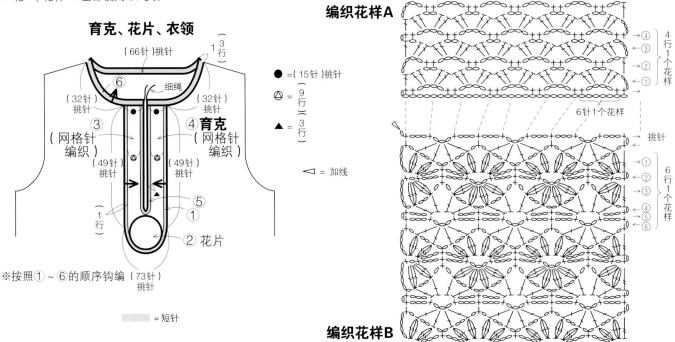

编织花样B

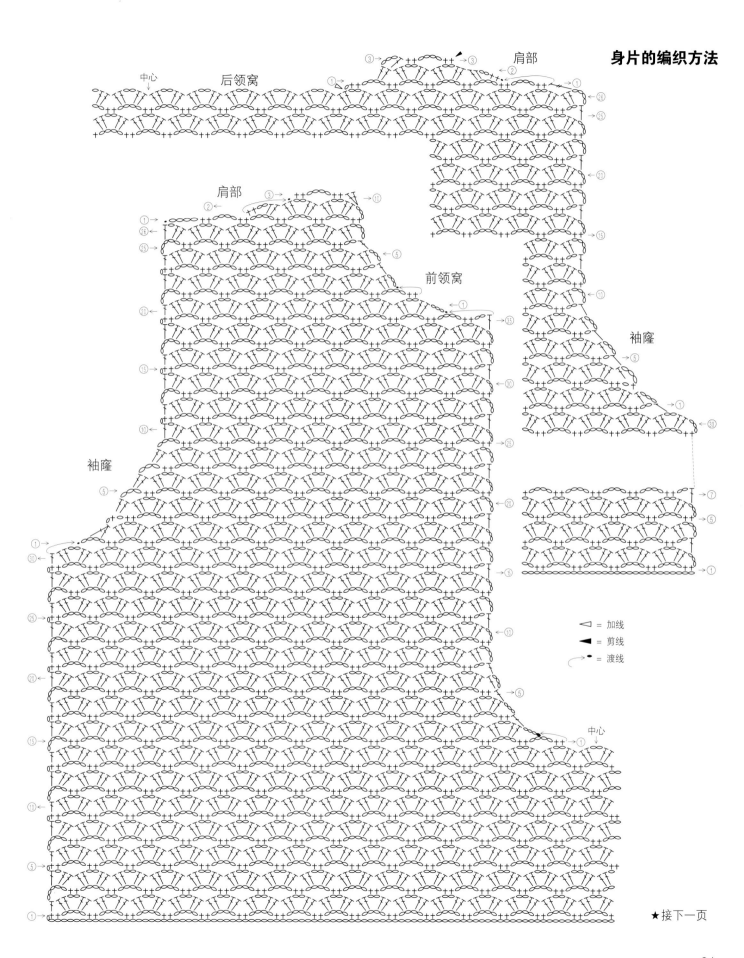

后领窝 中心

肩部 身片的编织方法

前领窝

袖窿

袖窿

中心

= 加线
= 剪线
= 渡线

★接下一页

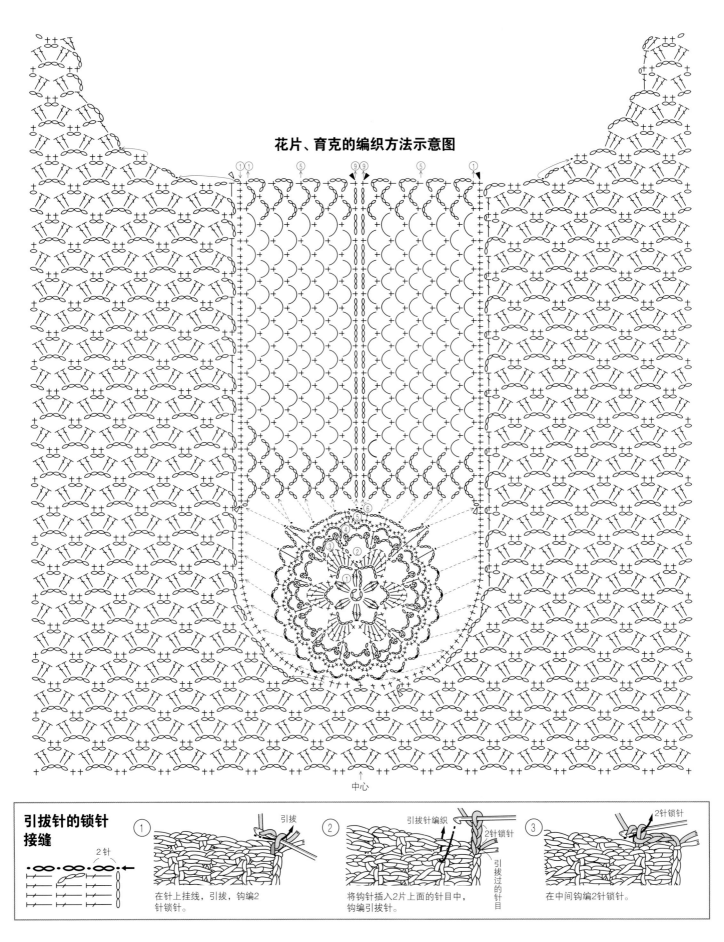

花片、育克的编织方法示意图

中心

引拔针的锁针接缝

2针

① 在针上挂线，引拔，钩编2针锁针。

② 将钩针插入2片上面的针目中，钩编引拔针。

③ 在中间钩编2针锁针。

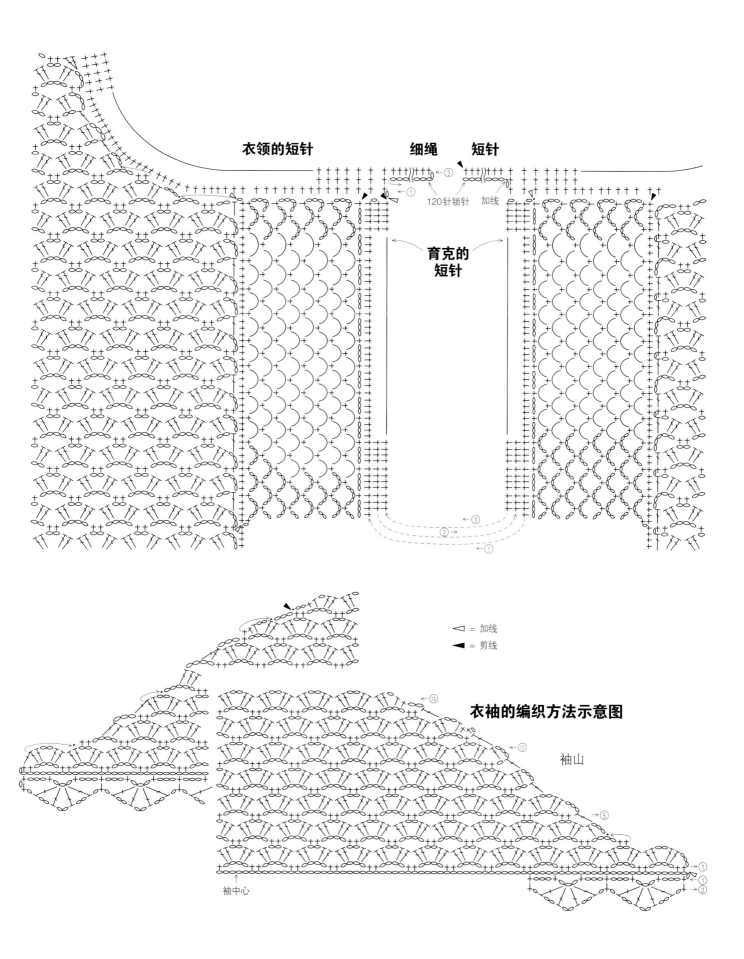

衣领的短针　　　　细绳　　短针

120针锁针　　加线

育克的
短针

衣袖的编织方法示意图

袖山

袖中心

◁ = 加线

◀ = 剪线

6

page 10

●**材料** SENAPE（细）原色（155）
170g/7 团
●**工具** 钩针 2/0 号
●**成品尺寸** 宽 45cm，长 153cm
●**密度** 花片为 9cm×9cm
■**编织要点** **花片** 锁针环形起
针。第 1 行立织 3 针锁针，钩编
1 针长针，重复 7 次 "2 针锁针、
2 针长针的枣形针"，钩编 2 针
锁针。第 2 行的短针整束挑起前

一行的锁针钩编。第 3 行的长针
和短针整束挑起前一行的锁针钩
编。第 4 行的短针整束挑起前一
行长针的上面和前一行的锁针钩
编。第 5 行整束挑起前一行的锁
针，钩编 4 针长针和 2 针长针的
枣形针。**围巾** 连接花片。按照
图中编号的顺序，将 85 片花片
钩编到一起。在花片的最后一行，
引拔前一行的花片钩编连接。

围巾（花片连接） 2/0号针

85	80	75	70	65	60	55	50	45	40	35	30	25	20	15	10	5
84																4
83																3
82															7	2
81	76	71	66	61	56	51	46	41	36	31	26	21	16	11	9 / 6 9	1

45（5 片）

153（17 片）

花片 85 片

9

9

花片的连接方法

7

2

6

1

= 将第3针分开后引拔

7

page 11

●**材料** CARDELLINO（中粗）米色与粉色系、蓝色系混合（12）420g/9团

●**工具** 棒针5号

●**成品尺寸** 胸围96cm，肩宽34cm，衣长84cm，袖长14cm

●**密度** 10cm×10cm面积内：编织下针20针，28行；编织花样19.5针，32.5行

■**编织要点** **后身片** 另线锁针起针，编织起伏针和下针。袖窿、领窝伏针，立起侧边1针减针。

肩部往返编织，停针待用。下侧在第1行均匀地增加15针，编织花样。最后的针目伏针收针。

前身片 与后身片使用同样的方法起针，领窝中央的针目停针，与后身片使用同样的方法编织。

衣袖 用手指挂线起针，编织起伏针和下针，最后的针目伏针收针。**组合** 肩部引拔钉缝，胁、袖下挑针接缝。衣领接着前后身片，环形编织起伏针，伏针收针。衣袖与身片使用引拔针接缝。

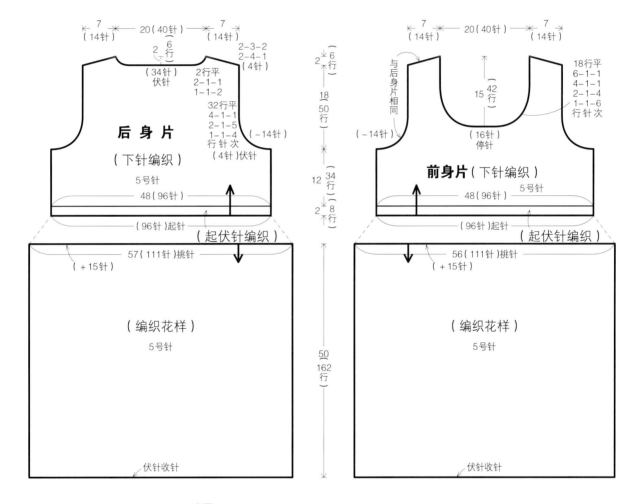

后身片

7（14针） 20（40针） 7（14针）

2行6行 2-3-2 2-4-1（4针）

（34针）伏针 2行平 2-1-1 1-1-2

32行平 4-1-1 2-1-5 1-1-4 行针次 （4针）伏针（－14针）

（下针编织）

5号针

48（96针）

（96针）起针

（起伏针编织）

57（111针）挑针 （＋15针）

（编织花样）5号针

伏针收针

2（6行）

18（50行）

12（34行）

2（8行）

50（162行）

前身片（下针编织）

7（14针） 20（40针） 7（14针）

2（6行）

与后身片相同 18行平 6-1-1 4-1-1 2-1-4 1-1-6 行针次

15（42行）

（16针）停针 （－14针）

48（96针）5号针

（96针）起针

（起伏针编织）

56（111针）挑针 （＋15针）

（编织花样）5号针

伏针收针

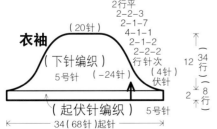

衣袖

2行平 2-2-3 2-1-7 4-1-1 2-1-2 2-2-2 行针次 （4针）伏针

（20针）

（下针编织）5号针 （－24针）

（起伏针编织）5号针

34（68针）起针

12（34行）

2（8行）

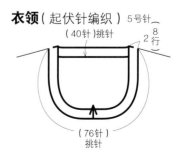

衣领（起伏针编织）5号针

（40针）挑针

2行（8行）

（76针）挑针

编织花样

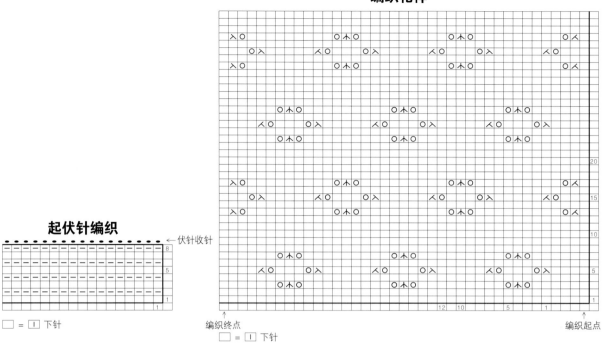

起伏针编织

← 伏针收针

□ = □ 下针

编织终点

编织起点

□ = □ 下针

★作品9，接67页

衣领（下针编织）

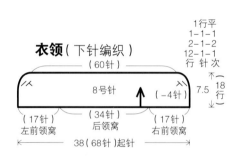

1行平
1-1-1
2-1-2
12-1-1
行 针 次

（60针）

8号针

（-4针）

7.5 | 18行

（17针）
左前领窝

（34针）
后领窝

（17针）
右前领窝

38（68针）起针

纽扣　4颗　4/0号针

※上针面作为正面使用

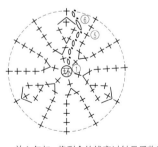

放入包扣，将剩余的线穿过针目后收紧

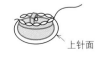

上针面

衣领的缝合方法

领

（正面）

千鸟缝

缝合至此

右前身片

（反面）

千鸟缝

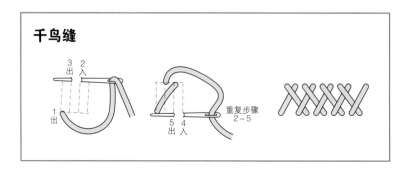

3 2
出 入

1
出

5 4
出 入

重复步骤
2~5

9

page 14

● **材料** LIN CHAINE（粗）粉色（502）225g/9团；KLEBER（中细）黄色系、橘黄色系、蓝色系混合（909）200g/8团；包扣用直径2.3cm的纽扣4颗

● **工具** 棒针8号，钩针4/0号

● **成品尺寸** 胸围90cm，肩宽34cm，衣长49.5cm，袖长55cm

● **密度** 10cm×10cm面积内：编织下针18针，24行

■ **编织要点 前后身片** 用手指挂线起针，从下摆开始编织下针。袖窿、领窝处伏针，立起侧边1针减针。肩部往返编织，停针待用。在右前身片上编织扣眼。**衣袖** 袖下加针时，在1针内侧扭针加针。袖山最后的针目伏针收针。**口袋、衣领** 与身片使用同样的方法起针，分别按照图示编织。纽扣环形起针，钩编短针，将上针面当正面使用。**组合** 肩部引拔钉缝，胁、袖下挑针接缝。口袋使用挑针缝接缝到身片上。衣领参照图示缝合到身片上。衣袖与身片引拔接缝。在左前身片上缝上纽扣。

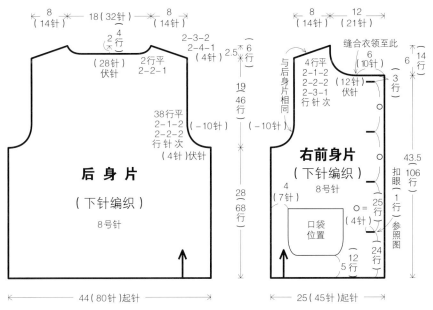

扣眼（右前身片）

※取粉色（LIN CHAINE）和黄色系、橘黄色系、蓝色系混合（KLEBER）各1股，2股并在一起

※左前身片与右前身片左右对称编织

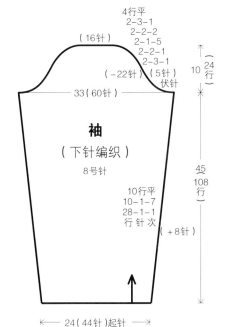

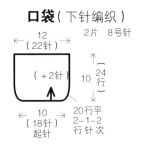

口袋（下针编织）

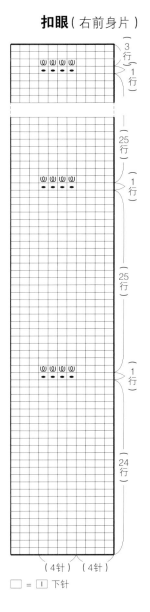

□ = ① 下针

★衣领和纽扣的编织方法示意图参见66页

67

8

page 12

●**材料** ANTIBES（中粗）灰色系、绿色系、红色系混合（319）240g/6团；FOCH（粗）浅蓝色（805）55g/2团；直径1cm的纽扣8颗。

●**工具** 钩针5/0号、4/0号

●**成品尺寸** 胸围90cm，衣长43cm

●**密度** 10cm×10cm面积内：编织花样2.5个，6.5行

■**编织要点 前后身片** 锁针起针，钩编花样。前后身片接在一起，钩编成1片，往返等针直编25行花样。**组合** 后身片中心使用"1针引拔针、3针锁针"的锁针接缝。胸围处的短针参照图示，整束挑起钩编花样最后一行长长针的头部和锁针，钩编成环形。肩带使用长针，钩编织带作为细绳。参照图示，在胸前的内侧缝上纽扣。参照图示，从前身片的中心开始穿细绳。

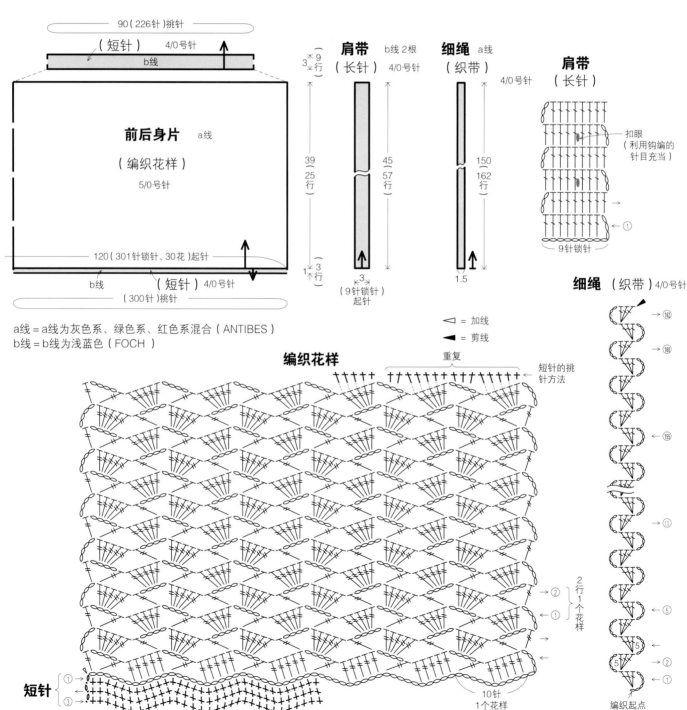

68

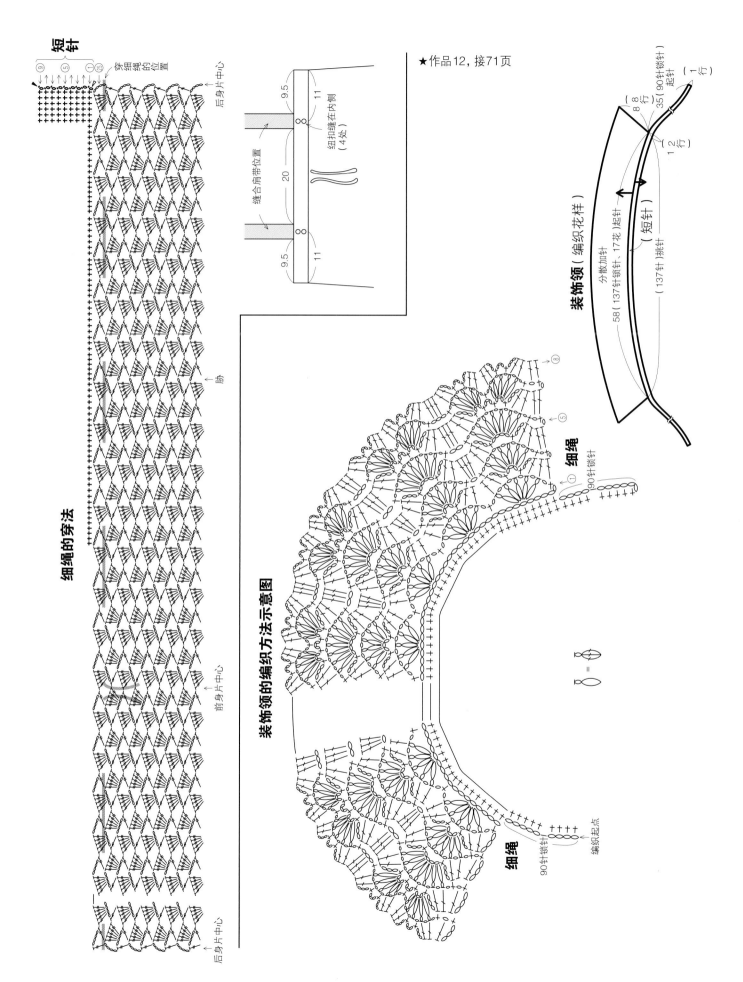

短针

穿细绳的位置

后身片中心

胁

前身片中心

后身片中心

细绳的穿法

★作品12，接71页

缝合肩带位置

20

纽扣缝在内侧
（4处）

9.5 11 11 9.5

装饰领（编织花样）

35（90针锁针）起针
（1行）

（8.8行）

（1.2行）

分散加针
58（137针锁针，17花）起针

（短针）

（137针）挑针

装饰领的编织方法示意图

细绳

①90针锁针

⑤

⑧

细绳
90针锁针

编织起点

69

12

page 18

●材料 ARABIS（中细）咖啡色（1119）开衫 250g/7 团、装饰领 50g/2 团；直径 1.3cm 的纽扣 6 颗

●工具 钩针 4/0 号

●成品尺寸 胸围 92cm，肩宽 32cm，衣长 54.5cm，袖长 12cm；装饰领领围 58cm，长 8cm

●密度 1 个编织花样为 4.5cm，10cm 为 14 行

■编织要点 后身片 锁针起针，挑取锁针的半针和里山进行钩编。胁、袖窿、领窝参照图示钩编。下摆的边缘编织挑取起针的半针钩编。前身片 与后身片使用相同的方法，左前身片、右前身片分别进行钩编。衣袖 参照图示钩编。组合 使用"1 针短针、3 针锁针"，肩部锁针钉缝，胁、袖下锁针接缝，前襟、衣领钩编短针。衣袖与身片锁针接缝。装饰领 参照图示分散加针。细绳接着领窝的短针继续钩编。

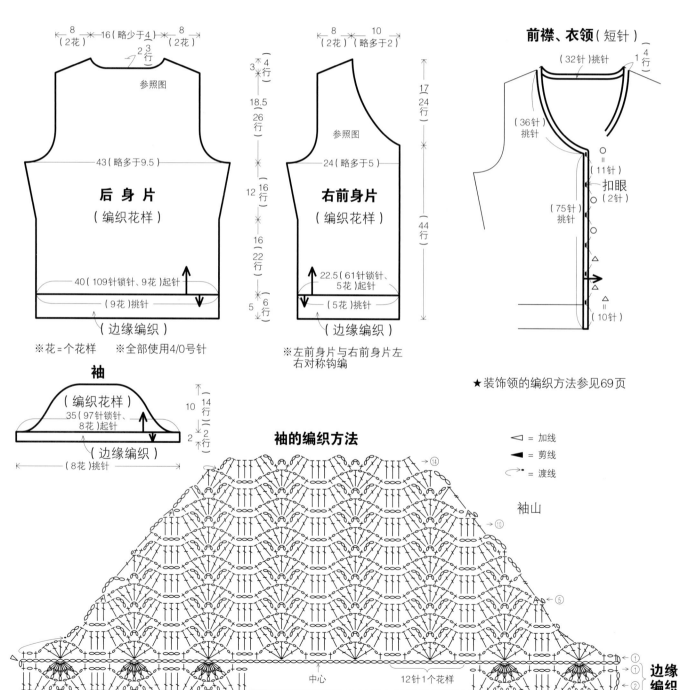

后身片
（编织花样）

8（2花）　16（略少于4）　8（2花）
2 3 行
参照图
43（略多于9.5）
40（109针锁针、9花）起针
（9花）挑针
（边缘编织）
※花=个花样　※全部使用4/0号针

3 4 行
18.5（26 行）
12 16 行
16 22 行
5 6 行

右前身片
（编织花样）

8（2花）　10（略多于2）
参照图
24（略多于5）
22.5（61针锁针、5花）起针
（5花）挑针
（边缘编织）
※左前身片与右前身片左右对称钩编

17 24 行
44 行

前襟、衣领（短针）

（32针）挑针
1 4 行
（36针）挑针
（11针）
扣眼（2针）
（75针）挑针
（10针）

★装饰领的编织方法参见69页

袖
（编织花样）
35（97针锁针、8花）起针
（边缘编织）
（8花）挑针

10 14 行
2 2 行

袖的编织方法

⑭
袖山
⑩
⑤
①
①
②
中心　12针1个花样
1个花样
边缘编织

◁ = 加线
◀ = 剪线
⌐• = 渡线

70

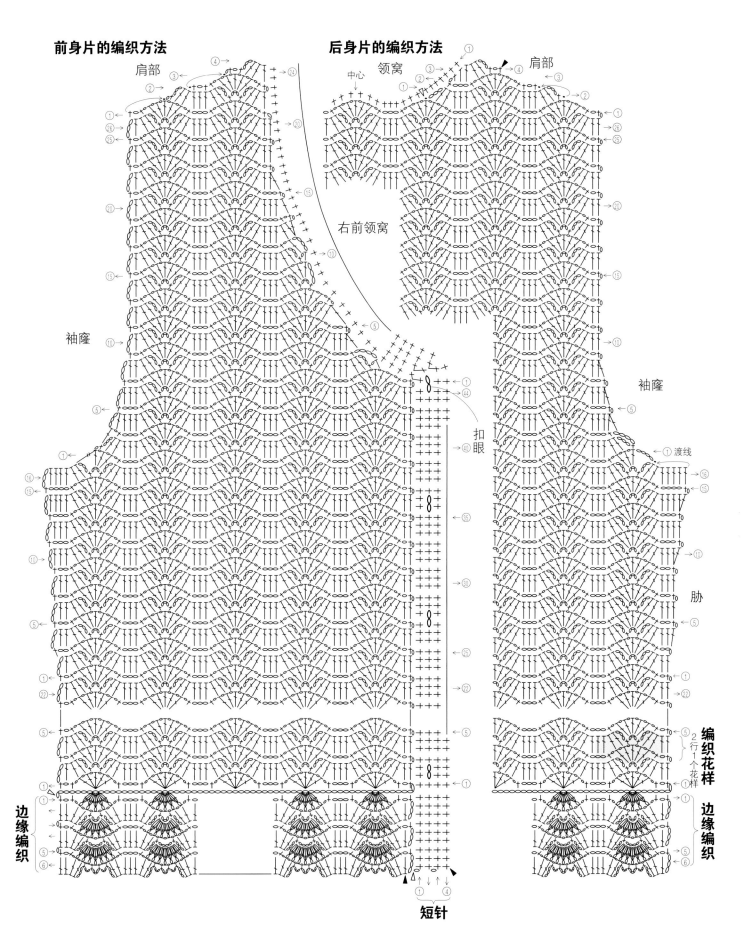

前身片的编织方法

后身片的编织方法

肩部

领窝

中心

肩部

右前领窝

袖窿

袖窿

胁

扣眼

编织花样
2行1个花样

渡线

边缘编织

边缘编织

短针

71

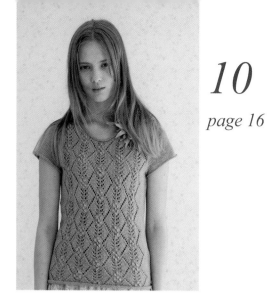

10
page 16

● **材料** LUXSIC（粗）灰蓝色
（605）200g/5团
● **工具** 棒针4号
● **成品尺寸** 胸围88cm，肩宽
32cm，衣长55.5cm，袖长12cm
● **密度** 10cm×10cm 面积内：
编织下针25针，37行；编织花
样21.5针，37行
■ **编织要点** **后身片** 用手指挂
线起针，从下摆开始编织下针。
接着在中央布局编织花样，在胁

处加针。袖窿、领窝伏针，立起
侧边1针减针，肩部往返编织，
停针待用。**前身片** 与后身片使
用相同的方法起针，参照图示
在领窝处减针。**衣袖** 与身片使
用同样的方法起针，编织下针，
袖山最后的针目伏针收针。**组
合** 肩部引拔钉缝，胁、袖下挑
针接缝。衣领编织下针成环形，
伏针收针。衣袖与身片引拔接缝。

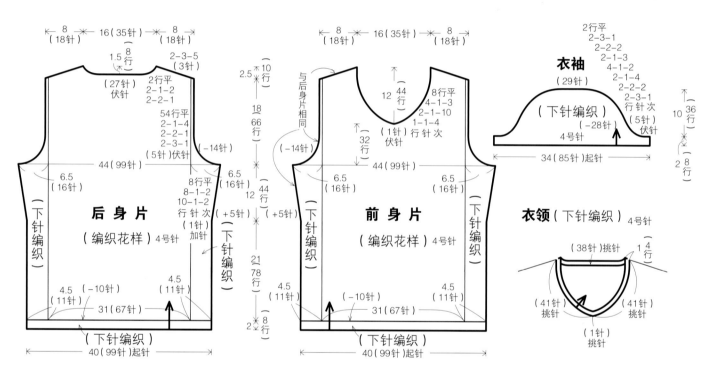

后领窝的编织方法示意图

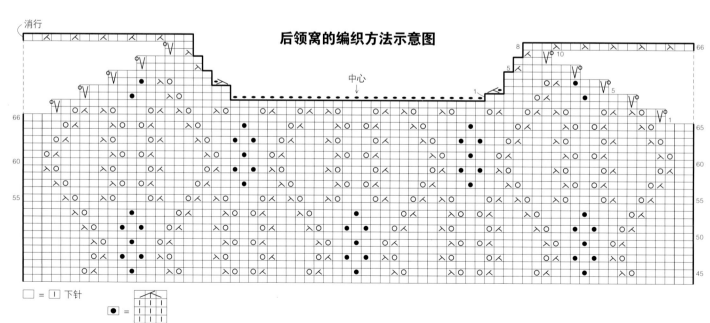

□ = | 下针

● =

编织花样

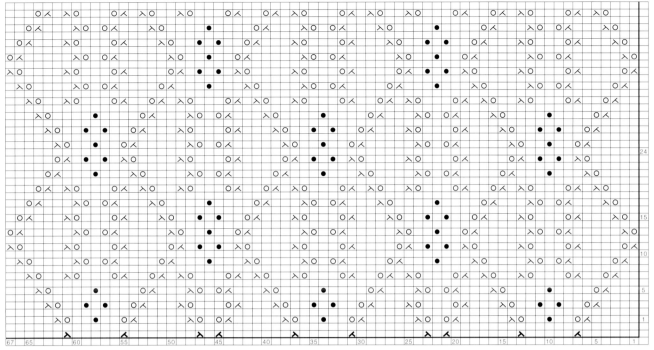

□ = ① 下针

● = （符号图）

↗ = 左上2针并1针
↘ = 右上2针并1针 } 减针

前领窝的编织方法示意图

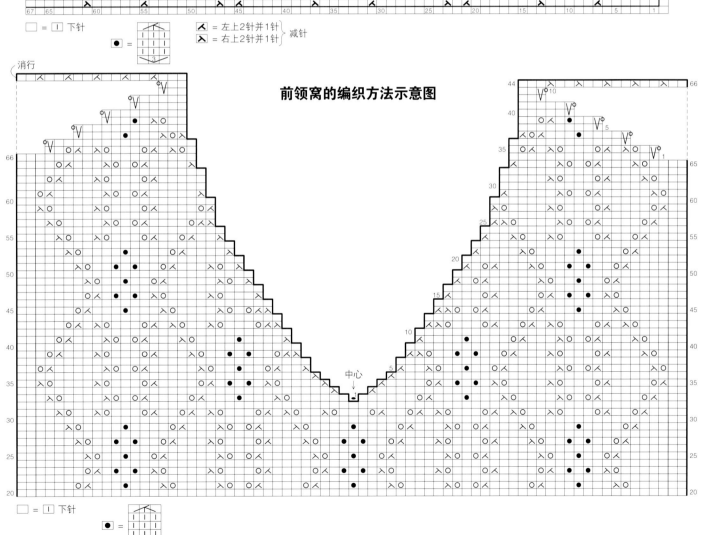

消行

中心
↓

□ = ① 下针

● = （符号图）

13

page 20

● **材料** CARNOT（中细）紫色（410）170g/7 团；直径 2.3cm 的纽扣 1 颗

● **工具** 棒针 8 号、7 号，钩针 6/0 号

● **成品尺寸** 胸围均码，衣长 44cm，连肩袖长 37.5cm

● **密度** 10cm×10cm 面积内：编织花样 A、B 为 17 针，26.5 行；编织花样 C 为 17 针，29 行

■ **编织要点** 前后身片 另线锁针起针，从后身片中心开始，左右分别横向编织。从左身片开始，编织花样 A、B、C，接在花样 A 第 24 行之后，钩编左前身片起针的锁针。编织花样 B 的第 1 行，挑取锁针的里山编织。其后，袖口编织单罗纹针。编织终点伏针收针。右身片拆开起针的锁针，挑取针目编织，右前身片从共线编织的锁针上挑取针目编织。**组合** 胁处袖口开口处卷针缝缝合。前襟、衣领一边在右前身片上钩编扣眼，一边边缘编织。在左前身片上缝上纽扣。

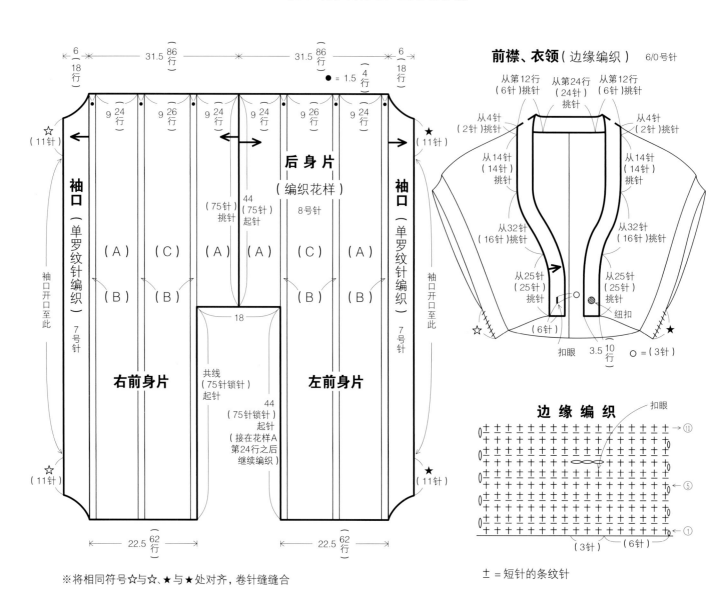

※将相同符号☆与☆、★与★处对齐，卷针缝缝合

± ＝短针的条纹针

74

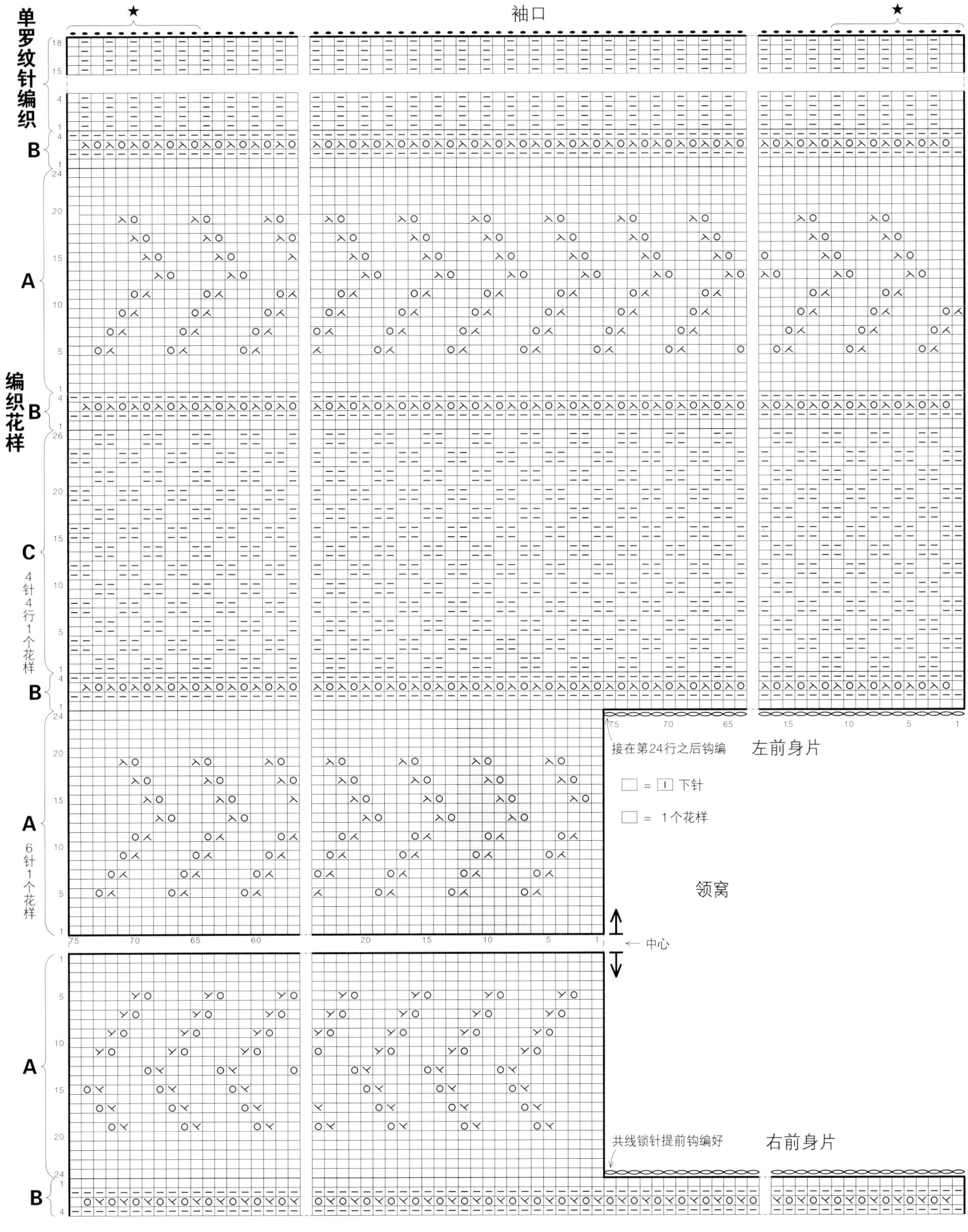

袖口

单罗纹针编织

B

A

编织花样

B

C

4针4行1个花样

B

A

6针1个花样

接在第24行之后钩编　左前身片

□ = | 下针

□ = 1个花样

领窝

← 中心

A

右前身片

共线锁针提前钩编好

B

11

page 17

●材料 ILIOS（粗）银色（907）110g/5 团；SPANGLE COTTON（中细）原色（20）80g/4 团

●工具 棒针15号、10号

●成品尺寸 胸围86cm，肩宽32cm，衣长61cm

●密度 10cm×10cm 面积内：编织下针16针，17行

■编织要点 将ILIOS和SPANGLE COTTON 的2股线并在一起编织。**前后身片** 用手指挂线起单罗纹针，编织6行单罗纹针。接着编织下针。胁长的64行使用等针直编进行编织。伏针并立起侧边3针减针，肩部的针目停针待用。**组合** 肩部盖针钉缝，胁挑针接缝。袖窿、衣领直接利用编织的边界，编织时若不将其过度拉伸，则会完成得十分漂亮。

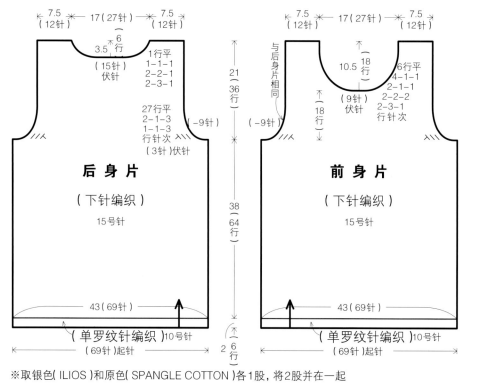

※取银色(ILIOS)和原色(SPANGLE COTTON)各1股，将2股并在一起

单罗纹针编织

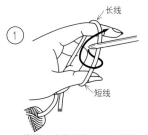

□ = ⌐ 上针

用手指挂线起单罗纹针

线的一端留出约为织片3倍长度的线头，绕在食指上，将针按照箭头的方向绕一圈，将线卷到针上。

完成下针，之后按照箭头的方向从外侧挂线。

完成上针，从第2针开始，下针按照箭头的方向从内侧挂线。

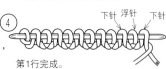

第1行完成。

⑨ 第2行返回时，看着正面编织。在前一行未编织的针目上编织下针，在编织过的针目上编织浮针。

⑩ 这是第3行编织下针时的样子，交替重复步骤⑥、⑦。

⑪ 起针完成。

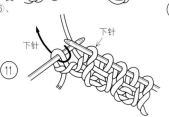

⑦ 第3针，将针按照箭头的方向插入、拉出，编织下针。交替重复步骤⑥的浮针和步骤⑦的下针。

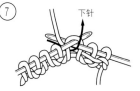

⑧ 最后一针编织浮针。

⑤ 返回时，在反面将针从最初的针目外侧插入，编织上针。交替重复步骤②、③。

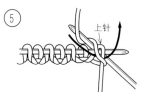

⑥ 第2针，将线放在内侧，不编织，直接移至右针上（浮针）。

76

14

page 22

● **材料** SENAPE（细）摩卡棕（380）140g/6 团；直径 1.15cm 的纽扣 1 颗

● **工具** 钩针 2/0 号

● **成品尺寸** 胸围 95cm，肩宽 34cm，衣长 48cm，袖长 12cm

● **密度** 10cm×10cm 面积内：编织花样 5 个，16.5 行

■ **编织要点** 后身片 锁针起针，钩编花样，第 1 行的短针挑取锁针的半针和里山的 2 根线钩编。

胁、袖窿、领窝参照图示钩编。**前身片** 左前身片与右前身片分别钩编花样。**衣袖** 钩编花样。**组合** 肩部使用"2 针短针、3 针锁针"的锁针钉缝，胁、袖下使用"2 针短针、3 针锁针"的锁针接缝。下摆、前襟、衣领环形往返编织，进行边缘编织，其中，在右前身片上钩编扣眼。参照图示，分别在领窝转角和前襟转角处加减针。衣袖与身片挑针接缝。

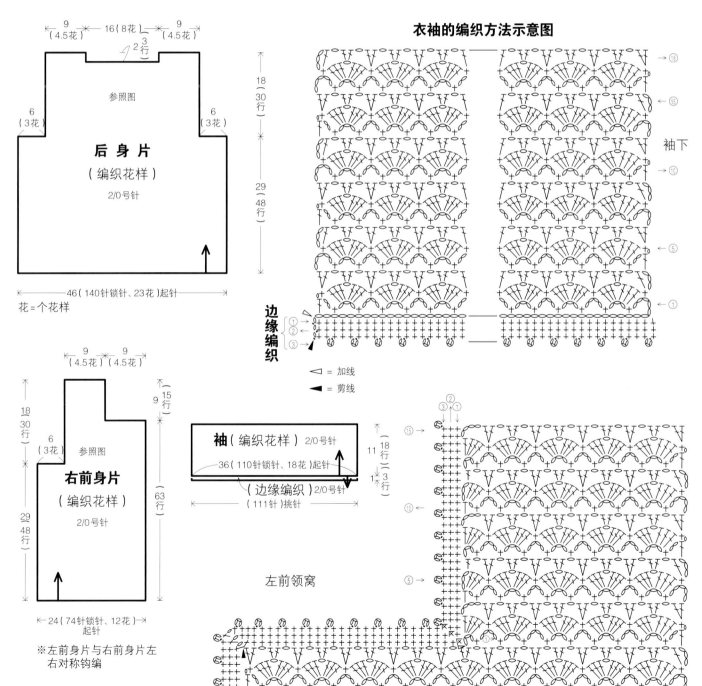

9（4.5花）　16（8花）　9（4.5花）

参照图

6（3花）

后 身 片
（编织花样）
2/0号针

6（3花）

18 30行

29 48行

46（140针锁针、23花）起针

花＝个花样

9（4.5花）　9（4.5花）

18 30行

6（3花）

参照图

右前身片
（编织花样）
2/0号针

9 15行

29 48行

63行

24（74针锁针、12花）起针

※左前身片与右前身片左右对称钩编

衣袖的编织方法示意图

→⑱

←⑮

袖下

→⑩

⑤

①

边缘编织

①②③

▷ ＝ 加线

◀ ＝ 剪线

袖（编织花样）2/0号针

36（110针锁针、18花）起针

（边缘编织）2/0号针

（111针）挑针

11 18行

1 3行

②

③①

⑮

⑩

⑤

左前领窝

编织花样、后身片的编织方法示意图

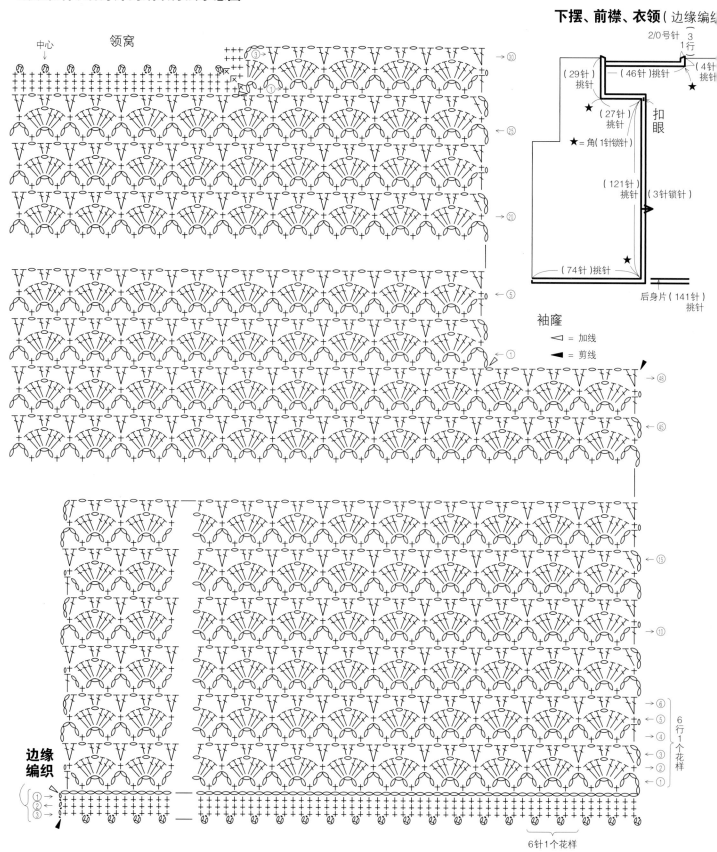

下摆、前襟、衣领（边缘编织

中心

领窝

2/0号针（3
1行

（29针）
挑针 —（46针）挑针

（4针）
挑针★

（27针）
挑针★

扣眼

★=角（1针锁针）

（121针）
挑针 （3针锁针）

（74针）挑针 ★

后身片（141针）
挑针

袖窿

▷ = 加线

◀ = 剪线

边缘
编织

6针1个花样

6
行
1
个
花
样

6针1个花样

78

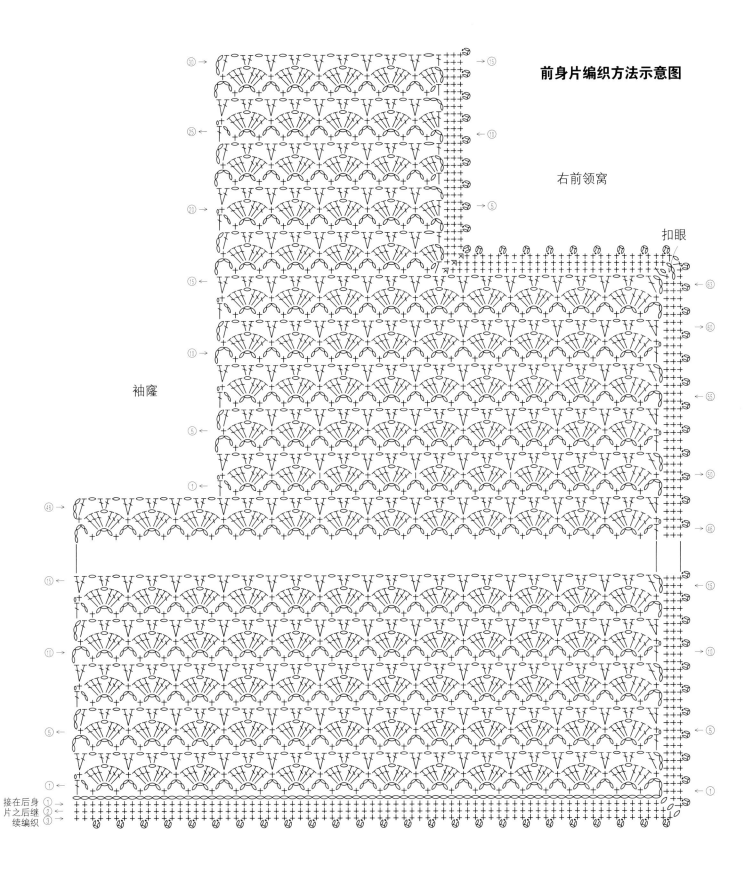

前身片编织方法示意图

右前领窝

扣眼

袖窿

接在后身
片之后继
续编织

15

page 23

●**材料** COTTON KONA（粗）灰米色（64）290g/8团
●**工具** 棒针5号
●**成品尺寸** 胸围88cm，肩宽34cm，衣长56.5cm，袖长13.5cm
●**密度** 10cm×10cm 面积内：编织花样A 24针，40行；编织花样B 24针，31行；编织花样C 32针，31行
■**编织要点** 荷叶边 另线锁针起针，横向编织花样A，前后身片连续编织成1片，将编织起点与编织终点的针目使用下针钉缝，呈筒状。**后身片** 从腰部以下的荷叶边处挑针，在两胁处编织卷针留出缝份。布局花样B、C进行编织。胁在1针内侧扭针加针，袖窿、领窝伏针，立起侧边1针减针，肩部往返编织，停针待用。**前身片** 与后身片的编织方法相同，但需参照图示，在领窝的中心加1针。**衣袖** 用手指挂线起针，编织下针，袖山最

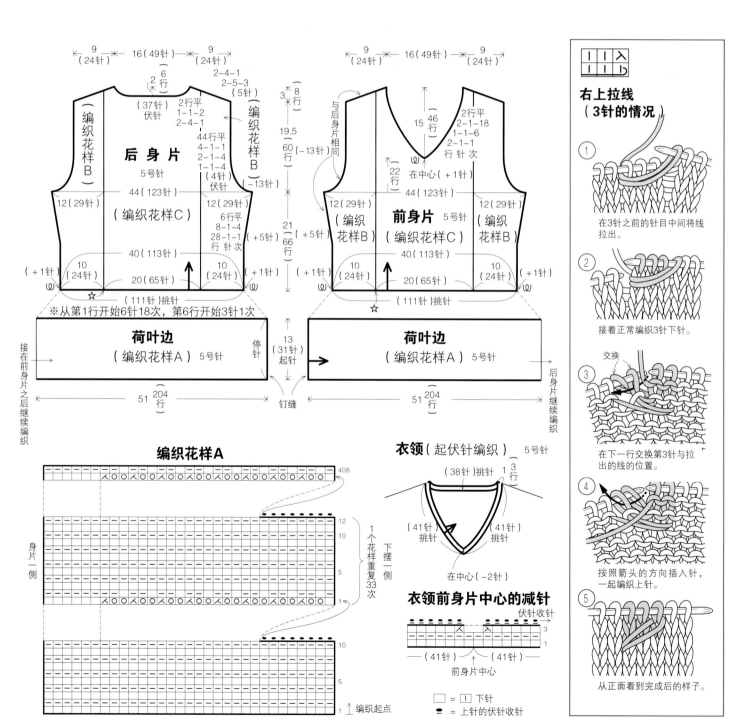

后的针目伏针收针。**组合** 肩部盖针钉缝、胁、袖下挑针接缝。衣领在前后身片上使用起伏针编织成环形，但要注意，在前身片的中心减针。最后的针目从内侧伏针收针。衣袖与身片引拔接缝。

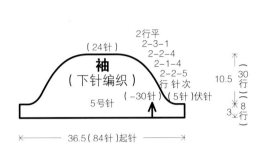

袖
（下针编织）

2行平
2-3-1
2-2-4
2-1-4
2-2-5
行 针次

(24针)

10.5

30
行
8
3 行

5号针

(-30针) (5针)伏针

36.5 (84针)起针

编织花样C

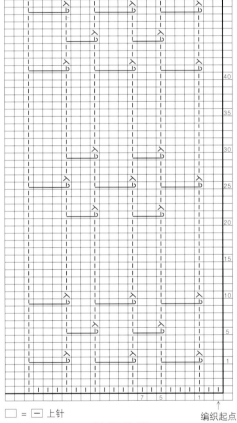

□ = 一 上针

编织起点

编织花样B

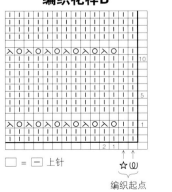

□ = 一 上针

编织起点

前领窝的编织方法示意图

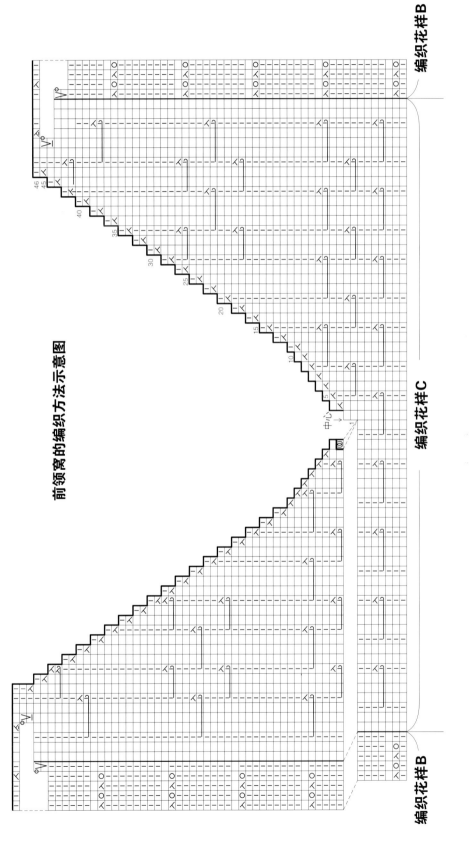

编织花样B

编织花样C

编织花样B

16

page 25

●**材料** FOCH（粗）米色（802）400g/10 团
●**工具** 钩针 5/0 号
●**成品尺寸** 胸围 100cm，衣长 60cm，连肩袖长 28cm
●**密度** 10cm×10cm 面积内：编织花样 4.4 个，12 行
■**编织要点** **前后身片** 锁针起针，钩编花样。第 1 行挑取起针锁针的里山，钩编 5 针长针。

第 2 行的短针，整束挑起前一行长针的头部和锁针。从下摆到肩部等针直编，在袖口开口停止处加入线的记号。参照图示，在第 30 行肩部的位置改为短针。前后钩编 2 片相同的织片。**组合** 肩部卷针钉缝。胁留出袖口的位置，其余部分使用 "1 针短针、4 针锁针" 的锁针接缝。袖口往返钩编短针成环形。

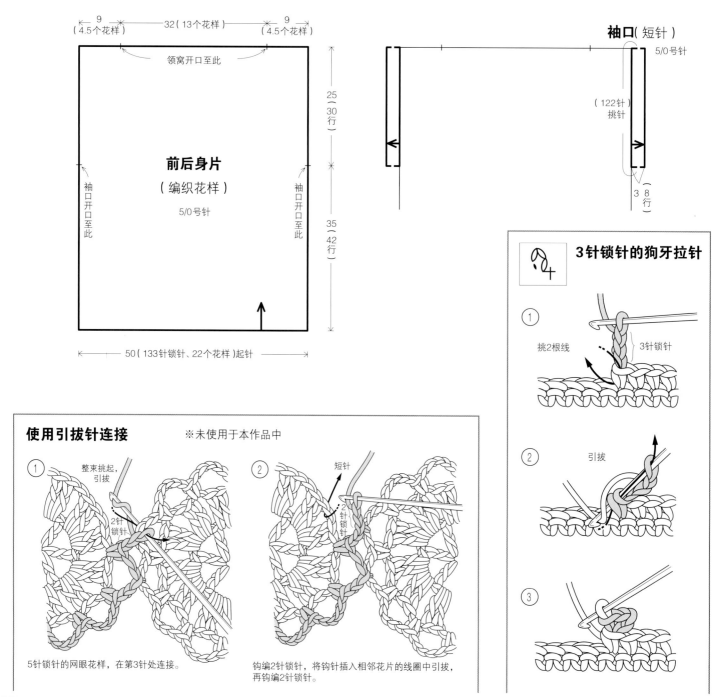

9（4.5 个花样）　32（13 个花样）　9（4.5 个花样）

领窝开口至此

前后身片
（编织花样）
5/0 号针

25（30 行）

35（42 行）

袖口开口至此　袖口开口至此

50（133 针锁针、22 个花样）起针

袖口（短针）

5/0 号针

（122 针）挑针

3（8 行）

3 针锁针的狗牙拉针

① 挑 2 根线　3 针锁针
② 引拔
③

使用引拔针连接 ※未使用于本作品中

① 整束挑起，引拔　2 针锁针
② 短针　2 针锁针

5 针锁针的网眼花样，在第 3 针处连接。

钩编 2 针锁针，将钩针插入相邻花片的线圈中引拔，再钩编 2 针锁针。

身片的编织方法示意图

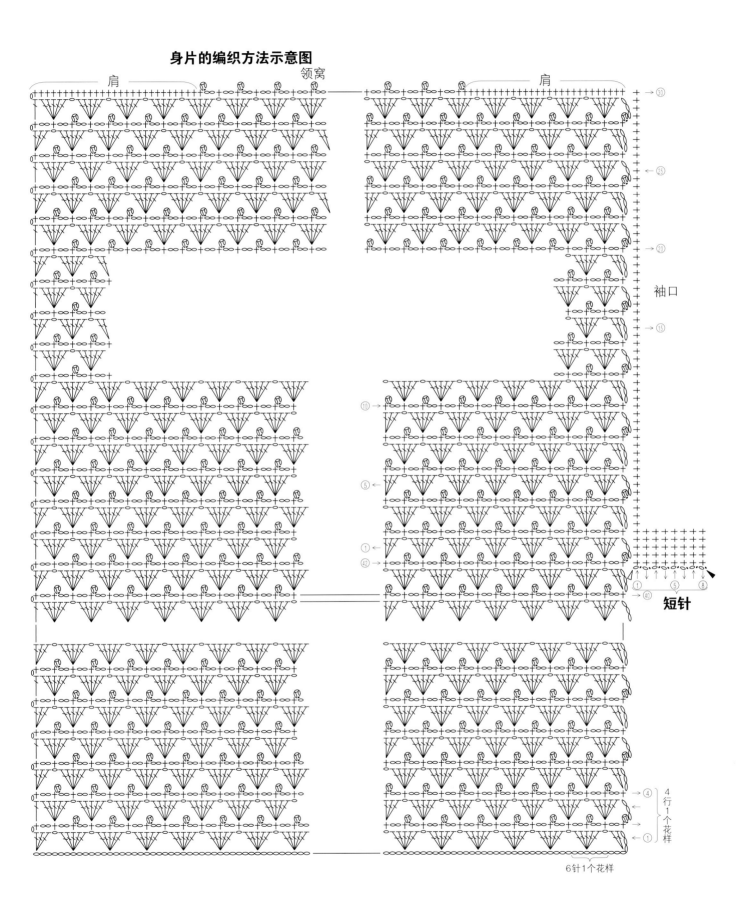

肩　　　　　　　　　　　　　　　　　　　领窝　　　　　　　　　　　　肩

袖口

短针

→30

←25

→20

→15

⑩→

⑤←

①←

㊼→

→㊵

①　　⑤　　⑧

→④
←
←①

4行1个花样

6针1个花样

17

page 27

● **材料** SAINT-GILLES（细）
藏青色（115）110g/5 团，灰色
（103）90g/4 团
● **工具** 钩针 2/0 号
● **成品尺寸** 宽 54cm，长 144cm
● **密度** 花片 18cm×18cm
■ **编织要点** **花片** 环形起针，
第 1 行钩编加入 16 针短针。第

3 行的长针整束挑起前一行的锁
针钩编，直至第 5 行，剪线。在
第 6 行加线，钩编至第 8 行，剪
线，在第 9 行再次加线钩编。**前
后身片** 进行花片连接。参照图
示，留出领窝、袖口、下摆的位
置，在花片的最后一行使用引拔
针将相邻的花片钩编在一起。

前后身片（花片连接）

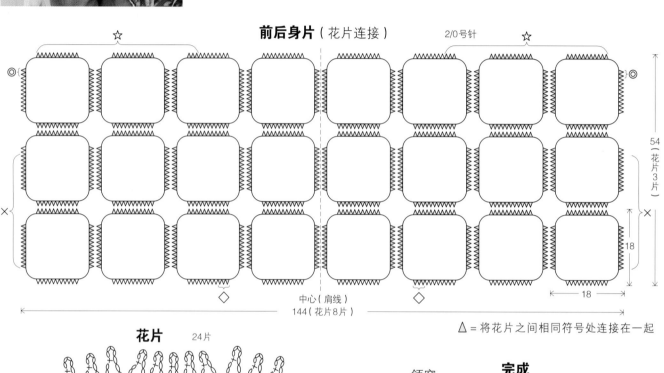

2/0号针

☆

◎

54
（花片
3
片）

18

18

中心（肩线）
144（花片 8 片）

△ = 将花片之间相同符号处连接在一起

花片 24片

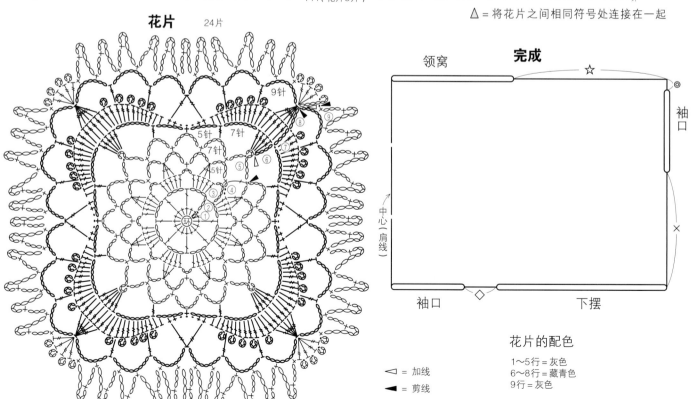

9针
5针 7针
7针
5针

领窝 **完成**

☆

◎

袖口

中心（肩线）

袖口 下摆

◁ = 加线
◀ = 剪线

花片的配色
1～5行 = 灰色
6～8行 = 藏青色
9行 = 灰色

84

花片的连接方法

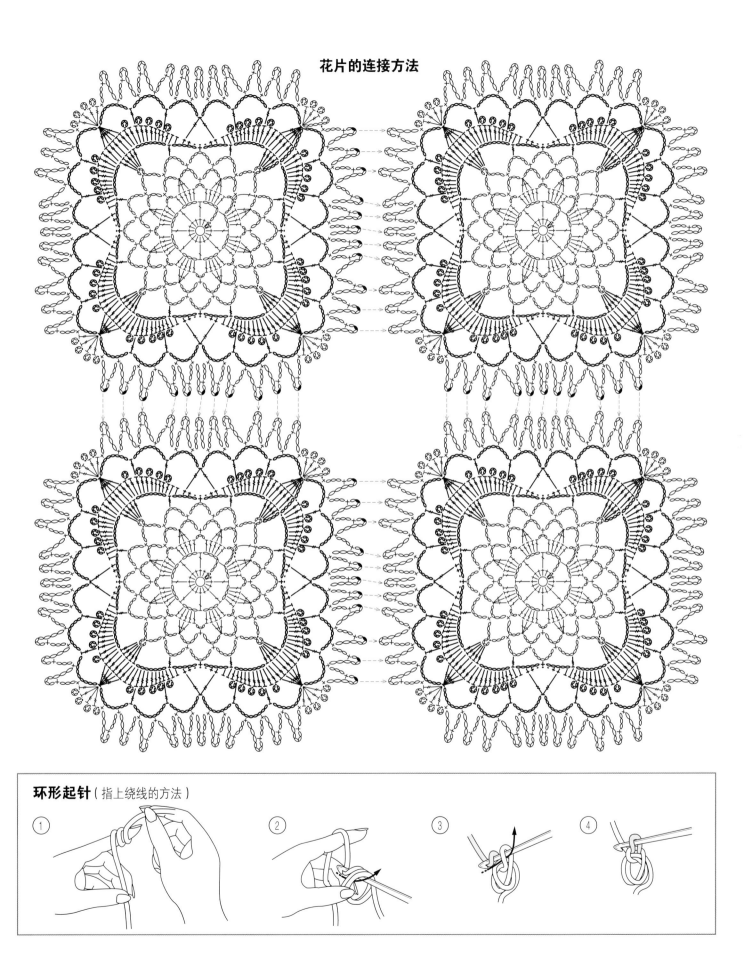

环形起针（指上绕线的方法）

① ② ③ ④

18

page 28

●**材料** COTTON KONA（粗）紫色（58）110g/3团，浅蓝色（42）75g/2团，深蓝色（76）70g/2团，灰色（65）65g/2团，米色（64）20g/1团；直径 1.5cm 的纽扣 3 颗

●**工具** 棒针 5 号

●**成品尺寸** 胸围 92cm，肩宽 35cm，衣长 53.5cm，袖长 39cm

●**密度** 10cm×10cm 面积内：编织条纹花样 25 针，33 行

■**编织要点** **编织条纹花样** 配色线配色的间隔较短时，在线的一端渡线，间隔较长时则先行剪断，在下一个配色的位置再加线。**后身片** 用手指挂线起针，编织条纹花样。袖窿、领窝伏针，立起侧边 1 针减针，肩部往返编织，停针待用。**前身片** 与后身片使用同样的方法编织，但在领窝处立起侧边 1 针减针，左右身片分别编织。**衣袖** 袖下在侧边 1 针内侧扭针加针，袖山最后的针目伏针收针。**组合** 肩部引拔钉缝，胁、袖下挑针接缝。前襟、衣领编织起伏针，在右前身片上编织扣眼，从内侧伏针收针。衣袖与身片引拔接缝。

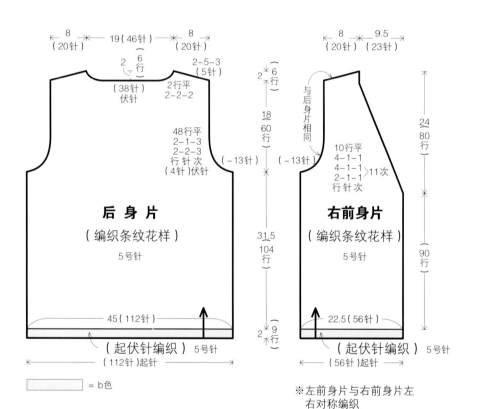

= b色

※左前身片与右前身片左右对称编织

前襟、衣领（起伏针编织）

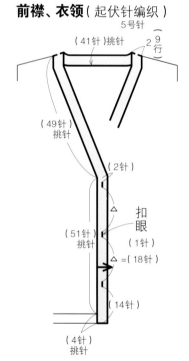

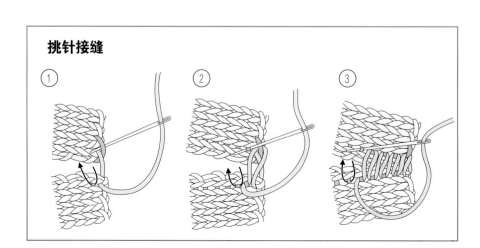

挑针接缝

① ② ③

扣眼（右前襟）

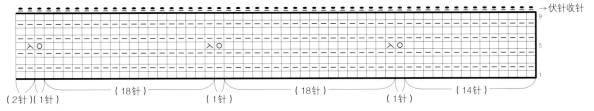

→伏针收针

(2针)(1针) ─(18针)─ (1针) ─(18针)─ (1针) (14针)

□ = Ⅰ 下针　　● = 上针的伏针收针

编织条纹花样

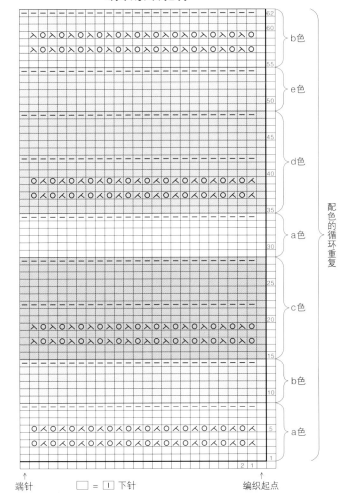

b色
e色
d色
a色
c色
b色
a色

配色的循环重复

↑端针　　□ = Ⅰ 下针　　编织起点↑

e色 = 米色
d色 = 深蓝色
c色 = 浅蓝色
b色 = 紫色
a色 = 灰色

引拔钉缝

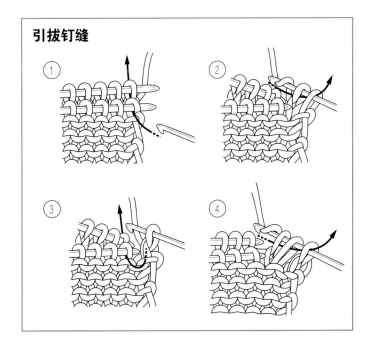

粗的横向条纹花样

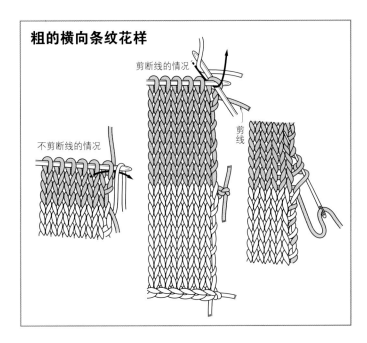

剪断线的情况
剪线
不剪断线的情况

87

19

page 29

●**材料** ANTIBES（中粗）蓝色系、绿色系、红色系混合（320）280g/7 团；直径 3cm 的纽扣 1 颗

●**工具** 棒针 6 号

●**成品尺寸** 胸围 91cm，肩宽 33cm，衣长 50.5cm，袖长 38cm

●**密度** 10cm×10cm 面积内：编织下针 24 针，27 行

■**编织要点** **后身片** 用手指挂线起针，从下摆的饰边开始编织 16 行下针。在身片的第 1 行，用编织 2 针并 1 针的方法，均匀地减 52 针。袖窿、领窝伏针减针，立起侧边 1 针减针，肩部往返编织，停针待用。**前身片** 与后身片使用同样的方法，并与前襟一起编织。在右前襟上编织扣眼。**衣袖** 袖下在侧边 1 针内侧扭针加针，袖山最后的针目伏针收针。**组合** 肩部引拔钉缝，胁、袖下挑针接缝。衣领编织花样，伏针收针。衣袖与身片引拔接缝。

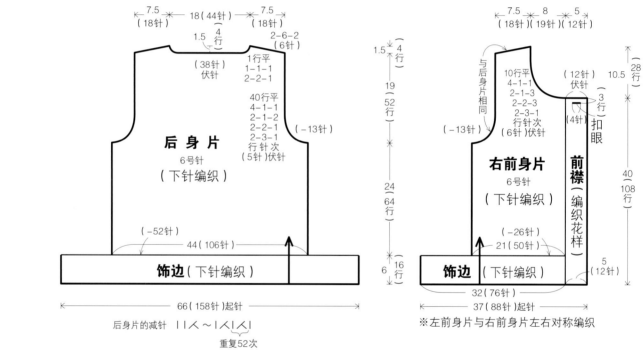

7.5（18针） 18（44针） 7.5（18针）

1.5 4行

2-6-2（6针）

（38针）伏针
1行平
1-1-1
2-2-1

40行平
4-1-1
2-1-2
2-2-1
2-3-1
行针次
（5针）伏针

（-13针）

后身片
6号针
（下针编织）

（-52针）
44（106针）

饰边（下针编织）

66（158针）起针

后身片的减针 ||人～|人|人|

重复 52 次

1.5 4行
19（52行）
24（64行）
6（16行）

7.5（18针） 8（19针） 5（12针）

与后身片相同

10行平
4-1-3
2-2-3
2-1-3
行针次
（6针）伏针

（12针）伏针

（-13针）

（3行）
（4针）扣眼

右前身片
6号针
（下针编织）

前襟（编织花样）

（-26针）
21（50针）

饰边（下针编织）

32（76针）

37（88针）起针

28
10.5 行
40
108
行
5（12针）

※左前身片与右前身片左右对称编织

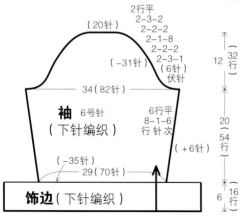

2行平
2-3-2
2-2-2
2-1-8
2-2-2
2-3-1
（6针）伏针

（20针）

（-31针）

34（82针）

袖 6号针
（下针编织）

6行平
8-1-6
行针次

（-35针）
29（70针）

（+6针）

饰边（下针编织）

43.5（105针）起针

12（32行）
20（54行）
6（16行）

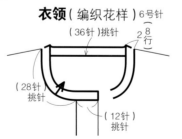

衣领（编织花样）6号针

（36针）挑针
2 8
行

（28针）挑针

（12针）挑针

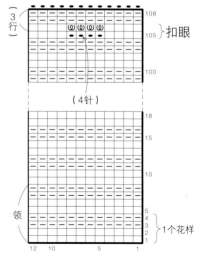

编织花样（前襟）

3行

108
105 扣眼
100

（4针）

18
15
10

领

5
4
3
2
1

12 10

1个花样

20
page 30

●**材料** CARCASSONNE（粗）原色（701）340g/9团；直径2.3cm 的纽扣4颗

●**工具** 棒针4号

●**成品尺寸** 胸围95.5cm，肩宽32cm，衣长56cm，袖长48cm

●**密度** 10cm×10cm 面积内：编织下针24针，32行；编织花样29针，32行

■**编织要点 后身片** 另线锁针起针，编织下针和花样。袖窿、领窝伏针减针，立起侧边1针减针，肩部往返编织，停针待用。

下摆拆开起针的锁针，挑取针目，编织双罗纹针，配合针目，使用双面伏针收针。**前身片** 与后身片使用相同的方法起针，参照图示在领窝处减针。**衣袖** 袖下在侧边1针内侧扭针加针，袖山最后的针目伏针收针。**组合** 肩部将前后身片的正面相对，引拔钉缝、胁、袖下挑针接缝。前襟、衣领编织双罗纹针，并在右前身片处编织扣眼，配合针目，使用双面伏针收针。衣袖与身片引拔接缝。在左前身片上缝上纽扣。

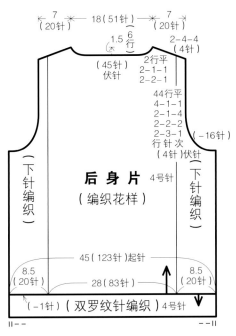

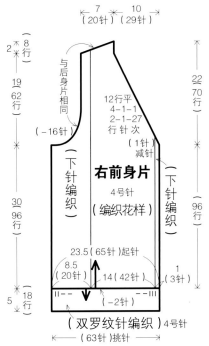

※左前身片与右前身片左右对称编织

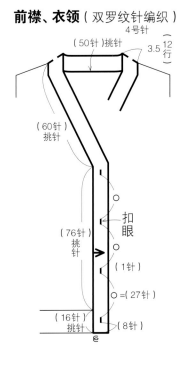

前襟、衣领（双罗纹针编织）

★接下一页

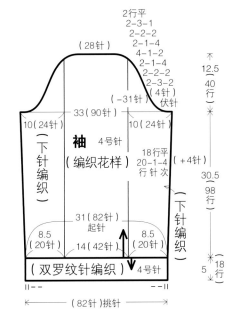

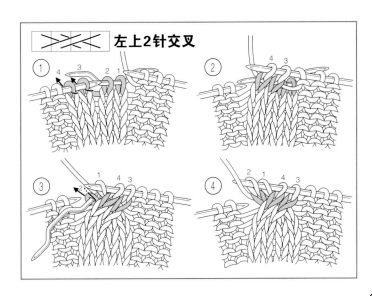

左上2针交叉

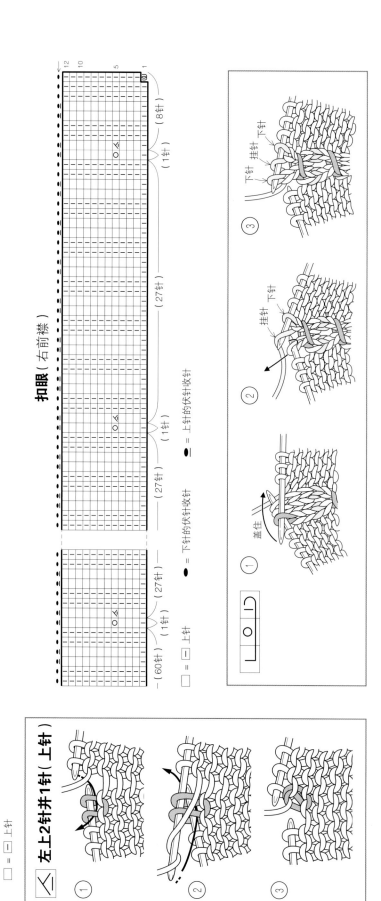

编织花样

扣眼（右前襟）

左上2针并1针（上针）

□ = □ = 上针

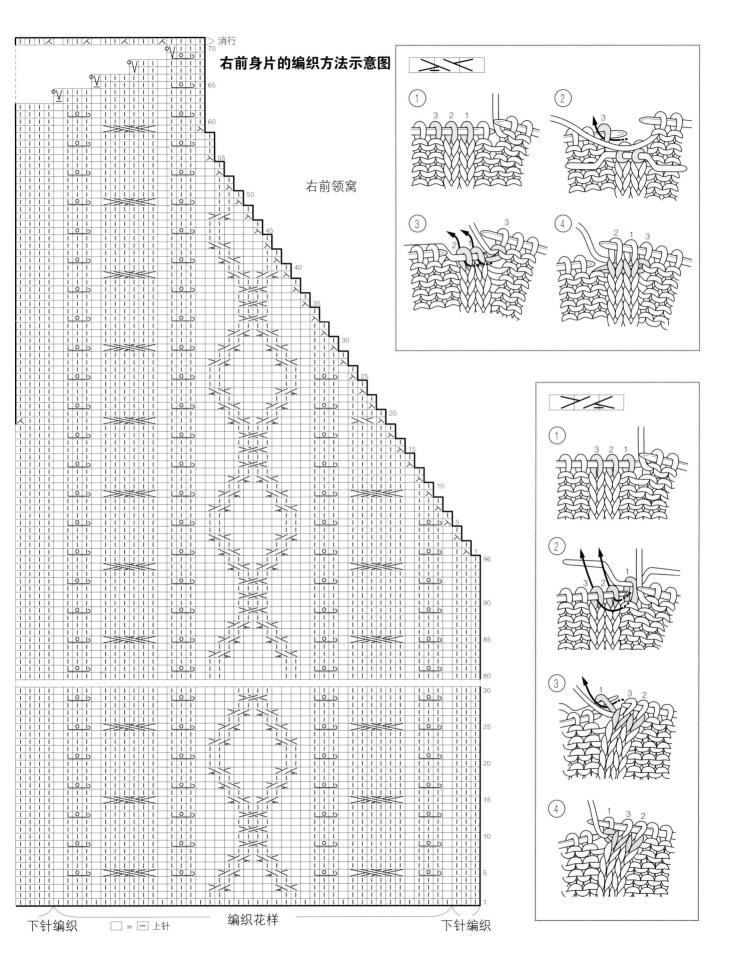

右前身片的编织方法示意图

右前领窝

下针编织　　□ = ⊟ 上针　　编织花样　　下针编织

21

page 31

●**材料** FOCH（粗）原色（801）370g/10团；直径1.6cm的纽扣3颗

●**工具** 棒针4号，钩针5/0号

●**成品尺寸** 胸围84cm，肩宽31cm，衣长55.5cm，袖长43cm

●**密度** 10cm×10cm面积内：编织花样A 30针，34行；编织花样B、双罗纹针32针，34行

■**编织要点 后身片** 用手指挂线起针，按照布局编织花样A、双罗纹针和花样B。袖窿、领窝伏针减针，立起侧边1针减针，肩部往返编织，停针待用。**前身片** 使用与后身片相同的方法起针，从前襟开口位置开始，左前身片与右前身片分别编织。**衣袖** 与身片使用同样的方法起针，袖下在侧边1针内侧扭针加针，袖山最后的针目伏针收针。**组合** 肩部引拔钉缝，胁、袖下挑针接缝。衣领编织下针，伏针收针。前襟开口钩编1行短针，在右前襟开口上钩编扣襻。衣袖与身片引拔接缝。在左前襟开口上缝上纽扣。

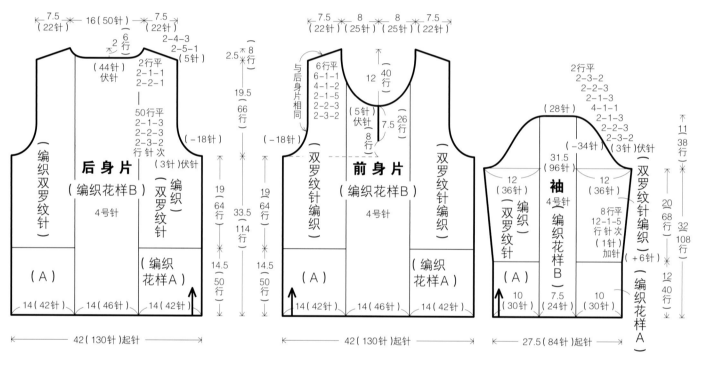

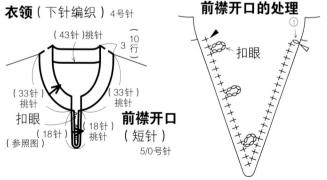

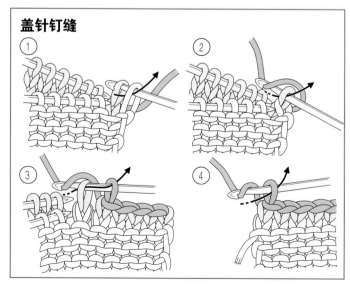

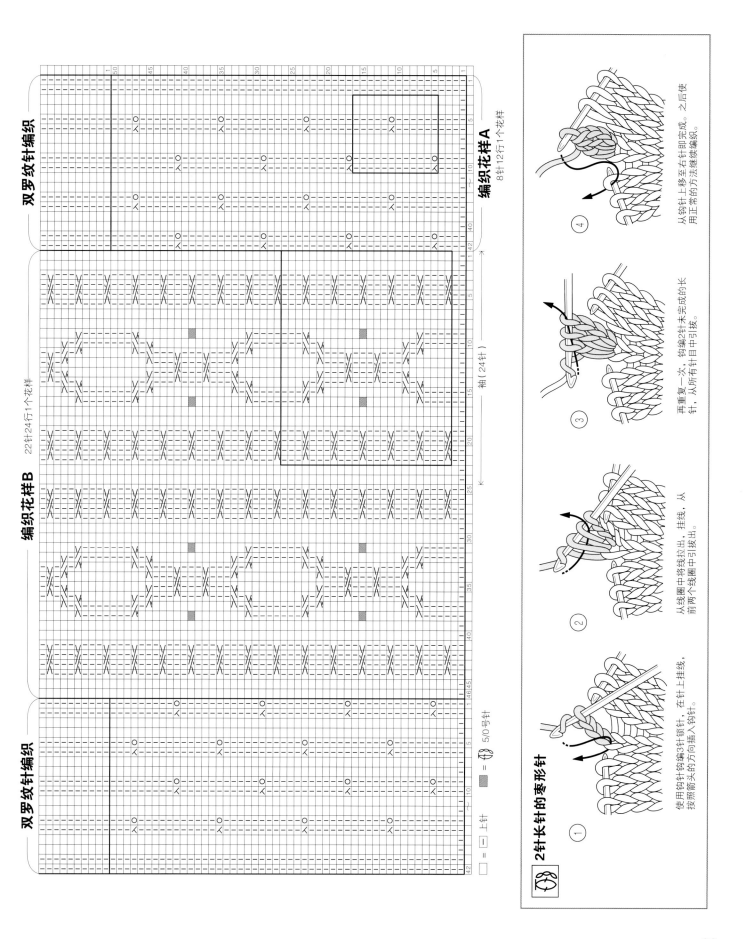

双罗纹针编织

编织花样B 22针24行1个花样

双罗纹针编织

袖（24针）

编织花样A
8针12行1个花样

□ = □ = 上针   ▨ = 🙵 = 5/0号针

2针长针的枣形针

① 使用钩针钩编3针锁针，在针上挂线，按照箭头的方向插入钩针。

② 从线圈中将线拉出，挂线，从前两个线圈中引拔出。

③ 再重复一次，钩编2针未完成的长针，从所有针目中引拔。

④ 从钩针上移至右针即完成。之后使用正常的方法继续编织。

93

22

page 32

● **材料** SENAPE（细）海军蓝（854）210g/9 团；直径 2cm 的纽扣 5 颗

● **工具** 棒针 6 号、5 号

● **成品尺寸** 胸围 94.5cm，肩宽 40cm，衣长 51cm，袖长 33.5cm

● **密度** 10cm×10cm 面积内：编织下针 19 针，27 行；编织花样 21 针，27 行

■ **编织要点 后身片** 用手指挂线起针，从下摆开始编织 3 针下针、2 针上针的罗纹针，接着按照图示编织下针和花样。袖窿伏针减针，领窝伏针减针，立起侧边 1 针减针，肩部往返编织，停针待用。**前身片** 与后身片使用同样的方法起针，左右身片分开编织。**衣袖** 肩部盖针钉缝，身片从袖窿挑针，立起侧边 1 针减针，接着编织双罗纹针，在第 1 行减针，使用双罗纹针收针。**组合** 衣袖与袖窿的相同符号处针与行对齐钉缝。在左前襟上缝上纽扣。

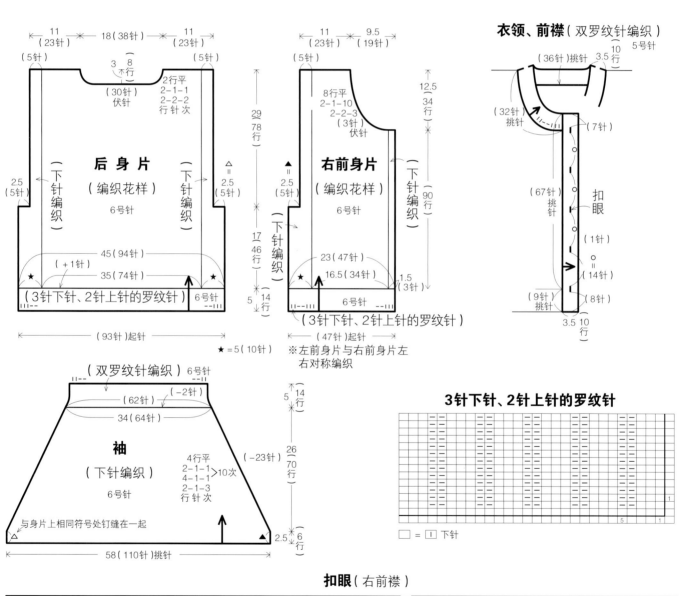

衣领、前襟（双罗纹针编织）5号针

3针下针、2针上针的罗纹针

□ = ｜ 下针

扣眼（右前襟）

□ = ｜ 下针

编织花样

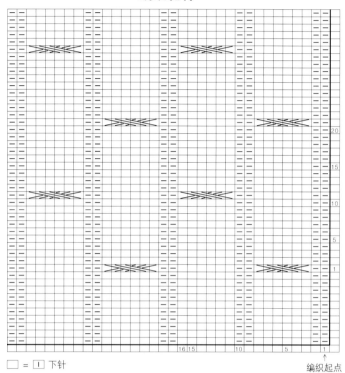

□ = □ 下针

编织起点

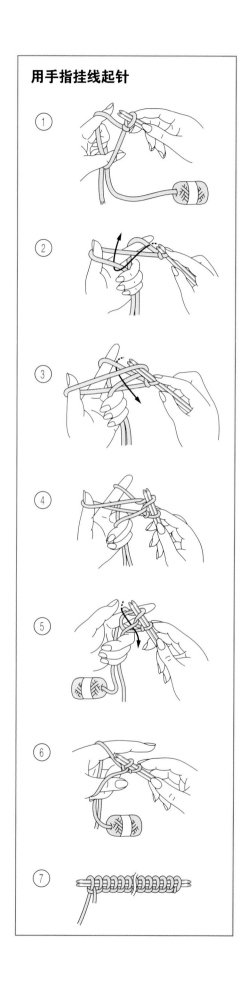

用手指挂线起针

① ② ③ ④ ⑤ ⑥ ⑦

部分编织技法索引

EUROPE NO TEAMI 2013 HARUNATSU（NV80321）

Copyright ©NIHON VOGUE-SHA 2013 All rights reserved.

Photographers：HIRONORI HANDA，NORIAKI MORIYA

Original Japanese edition published in Japan by NIHON VOGUE CO.，LTD.，

Simplified Chinese translation rights arranged with BEIJING BAOKU

INTERNATIONAL CULTURAL DEVELOPMENT Co.，Ltd.

日本宝库社授权河南科学技术出版社在中国大陆独家出版发行本书中文简体字版本。

著作权合同登记号：图字16—2013—113

图书在版编目（CIP）数据

欧洲编织. 2，简约风手编/日本宝库社编著; 风随影动译. —郑州：河南科学技术出版社, 2014.5

ISBN 978-7-5349-6882-2

Ⅰ.①欧… Ⅱ.①日… ②风… Ⅲ.①手工编织—图解 Ⅳ.①TS935.5-64

中国版本图书馆CIP数据核字（2014）第071333号

出版发行：河南科学技术出版社
　　　　　地址：郑州市经五路66号　　邮编：450002
　　　　　电话：（0371）65737028　　65788613
　　　　　网址：www.hnstp.cn
策划编辑：刘　欣
责任编辑：张　培
责任校对：柯　姣
封面设计：张　伟
责任印制：张艳芳
印　　刷：北京盛通印刷股份有限公司
经　　销：全国新华书店
幅面尺寸：213 mm×285 mm　　印张：6　　字数：150千字
版　　次：2014年5月第1版　　2014年5月第1次印刷
定　　价：29.80元